乡村振兴实用技术培训教材

肉牛饲养“四良一规范”标准化技术培训手册

蒋晓新　刘江卫　苏应玉　主编

中国农业大学出版社
·北京·

内 容 简 介

本教材为服务乡村振兴、开展新型职业农民培训系列教材，是教育部职业教育“双高计划”畜牧兽医专业群社会服务建设成果。教材内容按照选择良种、配制良料、制定良法、建设良舍、执行规范化防疫、肉牛养殖企业经营管理等工作任务编写，全面系统地介绍肉牛的品种、生物学特征、生长发育规律，饲料营养和日粮配制，肉牛育肥，肉牛场建设，肉牛的疾病控制及肉牛场生产经营管理等生产技术知识。本教材从现阶段农村技术需求和农民的文化技术基础出发，密切结合肉牛养殖生产实际，注重科学性、实用性、系统性和先进性，重点突出，图文并茂，语言通俗易懂，技术简明实用。不仅适于肉牛场饲养管理人员和养殖户阅读，也可以作为大专院校和农村函授及培训班的辅助教材和参考书。期望本书在全疆农牧区示范推广并得到广泛应用，为农牧民增收、畜牧业增效和乡村振兴提供生产技术支持。

图书在版编目(CIP)数据

肉牛饲养“四良一规范”标准化技术培训手册/蒋晓新，刘江卫，苏应玉主编. -- 北京：中国农业大学出版社，2023.10

ISBN 978-7-5655-3092-0

Ⅰ.①肉… Ⅱ.①蒋… ②刘… ③苏… Ⅲ.①肉牛-饲养管理-技术手册 Ⅳ.①S823.9-62

中国国家版本馆 CIP 数据核字(2023)第 202927 号

书　　名　肉牛饲养“四良一规范”标准化技术培训手册
作　　者　蒋晓新　刘江卫　苏应玉　主编

策划编辑　许晓婧　张　玉　　　**责任编辑**　许晓婧
封面设计　李尘工作室
出版发行　中国农业大学出版社
社　　址　北京市海淀区圆明园西路 2 号　　　**邮政编码**　100193
电　　话　发行部 010-62733489,1190　　　读者服务部 010-62732336
　　　　　　编辑部 010-62732617,2618　　　出　版　部 010-62733440
网　　址　http://www.caupress.cn　　　**E-mail**　cbsszs@cau.edu.cn
经　　销　新华书店
印　　刷　涿州市星河印刷有限公司
版　　次　2023 年 12 月第 1 版　　2023 年 12 月第 1 次印刷
规　　格　170 mm×240 mm　　16 开本　　18.75 印张　　235 千字
定　　价　60.00 元

编审人员

主　编　蒋晓新（新疆农业职业技术学院）

刘江卫（新疆燕犇褐牛繁育发展有限责任公司）

苏应玉（新疆农业职业技术学院）

副主编　阿不都艾尼（新疆农业职业技术学院）

许　芸（新疆农业职业技术学院）

王　欢（新疆农业职业技术学院）

王永力（昌吉市吉缘牧业有限公司）

参　编　李　毅（新疆农业职业技术学院）

颜庭生（塔城农牧科技有限公司）

许建国（新疆苏东农牧科技有限公司）

李建斌（山东奥克斯畜牧种业有限公司）

赵永旭（新疆农业职业技术学院）

彭华刚（乌鲁木齐市米东区畜牧兽医站）

刘奎国（乌鲁木齐种牛场有限责任公司）

林松涛（呼图壁县农村农业局畜牧科）

张志国（山东奥克斯畜牧种业有限公司）

主　审　丑武江（新疆农业职业技术学院）

前　言

党的二十大报告对全面推进乡村振兴作出重要部署，报告提出“坚持农业农村优先发展”“加快建设农业强国”。畜牧业是我国农业的重要组成部分，要充分发挥畜牧业在国民经济中的重要作用，提高国际竞争实力，必须将其建成高产、优质、高效的现代化畜牧业。《新疆维吾尔自治区畜牧业“十四五”发展规划》提出，加快推进畜牧业高质量发展，全区畜牧业坚持生态化发展方向，突出发展农区畜牧业，坚持走集约化、标准化、规模化的发展道路。着力推进畜禽种业发展，深度挖掘畜禽遗传资源，做大肉牛肉羊产业，到 2025 年，建立适合区情、支撑有力的畜牧业产业体系、生产体系、经营体系，实现北疆绿色有机牛羊肉产值百亿元以上，形成有国内影响力的产业集群。其中肉牛育肥产业得到重视和优先发展；同时，牛肉食品越来越受到人们的喜爱，全疆广大农牧区已兴起肉牛肥育的高潮，肉牛肥育业的经济效益、社会效益日益凸显，已经成为带动当地经济发展的支柱产业。

随着肉牛肥育业的快速发展，专业养殖户和养殖企业需要掌握更多的肉牛肥育技术。为了适应农牧区产业结构的调整以及优质高效肉牛产业的发展，大力普及先进实用的肉牛肥育技术，使广大肉牛养殖户掌握更多的有关肉牛品种、营养、日粮配制、饲草料加工调制、饲喂、牛舍建设和疾病防控等方面的科学知识，使肉牛肥育更加科学合理，生产水平和经济效益得到更大提高，本教材针对我区肉牛生产的特点以及常见问题，汲取了多年的研究成果和肉牛养殖企业的生产实践经验，以肉牛养殖“四良一规范”即良种、良舍、良料、良法和规范化防疫为基础，结合生产实际提出了加快推进现代畜牧业发展的重要举措，包括统筹优良畜禽品种推广和培育工作，提高生产效率和产品质量；建设适应现代畜牧业发展需要的圈舍，提升饲养环境和管理水平；加快饲草产业化发展，优化饲料资源配置，提高饲养效率；把规范化防疫工作落到实处，因地制宜选择科学合理的生产方式，保障畜禽健康和生产安全；把散养模式与科学化、规模化、集约化生产的现代养殖业相结合，积极探索畜牧业肉牛养殖品牌建设的途径和经验，为畜牧业现代化发展积极探索新路径；把畜牧产业乡村振兴工作与转型升级紧密结合，提高畜牧业生产效率，推动畜牧业持续健康发展，充分发挥新疆地理位置优势，着力夯实产业基础，大力发展肉牛富民产业，促进农牧民增收致富，推动乡村振兴。

由于编者水平有限，书中错误之处在所难免，恳切希望广大企业及同行、用户提出宝贵意见，以便不断修订完善。

编　者

2023 年 5 月

目　录

肉牛产业发展概述

新疆是传统的畜牧业大区之一，肉牛产业是新疆最具特色的传统产业和基础产业，牛肉也是新疆各族群众的主要肉食。肉牛产业的发展在新疆畜牧业中占据重要地位，产业链也日臻完善。在新疆主要肉牛生产区，鼓励农牧民饲养肉牛已经成为当地实现经济繁荣和农牧民增收的重要举措。因此，大力发展肉牛产业是新疆现代畜牧业的重要方向，是农牧民增收、农牧区发展的重要途径。

2013～2022年间，新疆维吾尔自治区牛肉产量整体随牛存栏量同步波动增加。2022年，新疆维吾尔自治区肉牛存栏量达690.96万头，同比增量为74.66万头，增幅约12.11%；牛肉产量为49.37万吨，同比增量为0.87万吨，增幅约1.79%。

《新疆维吾尔自治区畜牧业“十四五”发展规划》提出，“十四五”期间，全区畜牧业坚持生态化发展方向，坚持农牧结合、草畜配套，稳定发展牧区畜牧业，突出发展农区畜牧业，坚持走集约化、标准化、规模化的发展道路，着力夯基础、补短板、强弱项、优结构、促融合、壮主体、增动能，强化科技创新和政策支持，做大肉牛肉羊产业、加快奶业振兴、做优做强猪禽产业、因地制宜发展特色产业，积极推进适度规范经营，构建科学合理、安全高效的畜产品供给保障体系，加快推进现代畜牧业发展。

“十四五”期间，充分发挥新疆畜牧业资源优势，坚持生态化发展方向，以“大资源、大市场、大循环、大产业”的思路谋划和推动畜牧业大发展，走产业发展与资源环境相协调的可持续发展道路，立足保供增收、提质增效，充分调动社会、企业、平台等各方力量，进一步优化环境、强化保障、探索创新，加快推动畜牧业高质高效发展。肉牛产业发展坚持农牧结合、牧繁农育，着力健全肉牛自繁自育生产体系。北疆以新疆褐牛、安格斯牛为主推品种，面向中高端市场培育知名品牌，大力发展优质牛肉精深加工和休闲食品，实现增产增效；南疆和东疆以西门塔尔牛为主推品种，加快群体生产性能改良、提高个体单产水平，发展标准化适度规模养殖。到 2025 年，肉牛饲养量达 1 500 万头，存栏达 800 万头，规模养殖比例达 50％以上，牛肉产量达 90 万吨。到 2025 年，建立适合区情、支撑有力的畜牧业产业体系、生产体系、经营体系，形成天山北坡奶业、南疆特禽、北疆绿色有机牛羊肉、马产业等 4 个产值百亿元以上、有国内影响力的产业集群。

工作任务一

选择良种

牛是一种多用途的家畜，既能使役又可供肉用和乳用，经济价值很高。牛的品种和类型是决定生长速度与肥育效果的重要因素，对牛的产肉性能起着主要作用。从品种和生产力类型来看，肉用牛与乳用牛、乳肉兼用牛和役用牛相比，产肉性能好，能较快地结束生长期，进行早期肥育，提前出栏，节约饲料；屠体所含的不可食部分（骨和结缔组织）较少，能获得较高的屠宰率和胴体出肉率；脂肪在体内沉积均匀，大理石花纹结构明显，肉味鲜美，品质好。

一、育肥牛品种

1. 新疆褐牛

[产地及分布] 新疆褐牛属于乳肉兼用品种，主要分布于新疆伊犁、塔城等地区。由瑞士褐牛、阿拉托乌牛、科斯特罗姆牛与当地黄牛杂交育成（图 1-1）。

[外貌特征] 被毛为深浅不一的褐色，额顶、角基、口轮周围及背线为灰白色或黄白色。体躯健壮，肌肉丰满。头清秀，嘴宽。角中等大小，向外侧前上方弯曲，呈半椭圆形，颈适中，胸较宽深，背腰平直。

图 1-1　新疆褐牛

［生产性能］犊牛初生重 28～30 kg。成年体重，公牛平均为 950.8 kg，母牛平均为 430.7 kg；牛体高一般母牛为 121.8 cm。产乳量 2 100～3 500 kg，高产个体产乳量达 5 162 kg；乳脂率 4.03%～4.08%，乳中干物质量为 13.45%。产肉性能良好，在伊犁、塔城牧区的天然草场放牧 9～11 个月屠宰测定，1.5 岁、2.5 岁和阉牛的屠宰率分别为 47.4%、50.5%和 53.1%，净肉率分别为 36.3%、38.4%和 39.3%，眼肌面积可达 76.6 cm^2。适应性好，抗病力强，在草场放牧可耐受严寒和酷暑环境，可在极端温度－40 ℃和 47.5 ℃下放牧。

2. 西门塔尔牛

［产地及分布］西门塔尔牛属于乳肉役兼用品种，原产于瑞士西部的阿尔卑斯新山区，主要产地为西门塔尔平原和萨能平原，在法国、德国和奥地利等国及相邻地区也有分布，是世界上分布最广、数量最多的乳、肉、役兼用品种之一（图 1-2）。

［外貌特征］西门塔尔牛属宽额牛，角较细而向外上方弯曲，尖端稍向上。尻部长、宽、平直，肌肉丰满。四肢粗壮结实，肌肉发达。蹄圆厚。鼻镜、眼睑和皮肤为粉红色。毛色为黄白花或红白花，身躯缠有白色胸带，头部白色或带小块色斑，腹部、尾梢、四肢在飞节和膝关节以下为白色。颈长中等，体躯长。颈垂发达，前

图 1-2　西门塔尔牛

躯发育较后躯好，腰宽胸深，体躯呈圆筒形。属欧洲大陆型肉用体型，体表肌肉群明显易见，臀部肌肉厚实，尻部肌肉深，多呈圆形。

［生产性能］公犊初生重 45 kg 左右，母犊重 44 kg 左右，周岁体重可达 454 kg。经育肥屠宰率可达 55%～65%。成年体重，公牛 800～1 000 kg，母牛 650～800 kg。乳、肉用性能均较好，平均产奶量 4 070 kg，乳脂率 3.9%。在欧洲良种登记牛中，年产奶 4 540 kg 者约占 20%。生长速度较快，平均日增重可达 1.0 kg 以上，与其他大型肉用品种相近。胴体肉多，脂肪少而分布均匀，公牛育肥后屠宰率可达 65%左右。成年母牛难产率低。西门塔尔牛耐粗饲，适应性、抗病性及繁殖力均强，肉质好，产乳量高，乳脂率高，是多种经济用途的优秀兼用品种。

用该品种改良各地的黄牛，都取得了比较理想的效果。西门塔尔牛与当地黄牛的 F1 代、F2 代 2 岁牛体重分别比黄牛体重提高了 24.18%和 24.13%，F2 代牛比黄牛的屠宰率提高了 9.25%。在产奶性能上，从全国商品牛基地县的统计资料来看，207 d 的泌乳量，F1 代为 1 818 kg，F2 代为 2 121.5 kg，F3 代为 2 305 kg。

3. 夏洛来牛

［产地及分布］夏洛来牛原产于法国中西部到东南部的夏洛来

省和润夫勒地区，是古老的大型役用牛。18 世纪经过长期严格的本品种选育而成为举世闻名的大型肉牛品种，以生长快、肉量多、体型大、耐粗饲等优点受到国际市场的广泛欢迎，输往世界许多国家，参与新型肉牛品种的育成、杂交繁育，或在引入国进行纯种繁殖（图 1-3）。

图 1-3　夏洛来牛

［外貌特征］体躯硕大，中躯较长，后躯发达，全身肌肉丰满，具典型肉用型牛特征。最显著的特点是被毛为白色、乳白色、枯草黄色，皮肤常有色斑。骨骼结实，四肢强壮，体力强大。头小而宽，角圆而较长，向前方伸展，角质蜡黄。颈粗短，胸宽深，肋骨方圆，背宽肉厚，体躯呈圆筒状，后躯、背腰和肩胛部肌肉发达，并向后面和侧面凸出，常形成“双肌”特征。公牛常有双颈胛和凹背的缺点。

［生产性能］在较好的饲养条件下，哺乳期公、母犊平均日增重分别为 1 296 g 和 1 062 g；6 月龄公犊可以达 250 kg，母犊 210 kg，日增重可达 1 400 g；8 月龄公犊和母犊日增重分别为 1 175 g 和 940 g；12 月龄时公犊可达 378.8 kg，母犊 321.6 kg。成年体重，公牛 1 100～1 200 kg，母牛 700～800 kg。该牛生长速度快，增重快，瘦肉多，且肉质好，无过多的脂肪，多作为专门化大型肉用牛，产肉性能好，屠宰率一般为 60%～70%，胴体瘦肉率为 80%～

85%。16月龄的育肥母牛胴体重达418 kg，屠宰率为66.3%。泌乳量较高，一个泌乳期可产奶2 000 kg，乳脂率为4.0%～4.7%，但作为纯种繁殖时难产率较高（13.7%）。有良好的适应能力，耐旱抗热，冬季严寒不夹尾、不拱腰，盛夏不热喘，采食正常。夏季全日放牧时，采食快，觅食能力强，在不额外补饲的条件下也能增重上膘。我国引进的夏洛来母牛发情周期为21 d，发情持续期36 h，产后第一次发情时间为62 d，妊娠期平均为286 d。

夏洛来牛与我国本地黄牛的母牛杂交，杂种优势明显。夏杂一代具有父系品种的明显特征，毛色多为乳白色或草黄色，体格略大，性情温驯，耐粗饲，易于饲养管理，生长速度较快。

4. 安格斯牛

[产地及分布] 安格斯牛属于古老的小型肉用牛品种。原产于英国的阿伯丁、安格斯和全卡丁等郡，因此而得名。目前，世界上大多数国家都有该品种牛（图1-4）。

图1-4　安格斯牛

[外貌特征] 以被毛黑色和无角为重要特征，故也称无角黑牛，也有红色类型。体躯低矮、结实，头小而方，额宽。体躯宽深，呈圆筒形，四肢短而直，前后裆较宽，全身肌肉丰满，具典型肉用型牛外貌特征。

[生产性能] 犊牛平均初生重25～32 kg，7～8月龄断奶牛可达200 kg，育肥牛12月龄可达400 kg。成年体重，公牛

700～900 kg，母牛 500～600 kg，成年公、母牛体高分别为 130.8 cm 和 118.9 cm。肉用性能良好，被认为是世界上专门化肉牛品种中的典型品种之一。表现早熟，胴体品质高，出肉多，屠宰率一般为 60%～65%，眼肌面积 32.5 cm^2 左右。肉呈大理石状，质量较好。哺乳期日增重 900～1 000 g，育肥期日增重（1.5 岁以内）平均 0.7～0.9 kg。适应性强，耐寒抗病。缺点是母牛稍具神经质。

5. 利木赞牛

[产地及分布] 利木赞牛原产于法国中部的利木赞高原并因此得名（图 1-5）。

图 1-5 利木赞牛

[外貌特征] 毛色为红色或黄色，口、鼻、眼圈周围、四肢内侧及尾帚毛色较浅，角为白色，蹄为红褐色。头较短小，额宽，胸部宽深，体躯较长，后躯肌肉丰满，四肢粗短。

[生产性能] 成年体重，公牛平均 1 100 kg、母牛平均 600 kg；在法国较好饲养条件下，公牛体重可达 1 200～1 500 kg，母牛体重达 600～800 kg。产肉性能高，胴体质量好，眼肌面积大，前后肢肌肉丰满，出肉率高，在肉牛市场上很有竞争力。集约饲养条件下，犊牛断奶后生长很快，10 月龄体重达 408 kg，周岁时体重可达 480 kg 左右。哺乳期日增重为 0.86～1.0 kg。8 月龄小牛就可生产

出具有大理石花纹的牛肉，是法国等一些欧洲国家生产牛肉的主要品种。

6. 海福特牛

［产地及分布］海福特牛原产于英国西南部的海福特县，该地气候温和，草地广阔，农民以经营肉牛和种地为业（图 1-6）。

图 1-6 海福特牛

［外貌特征］海福特牛体躯宽大，前胸发达，全身肌肉丰满，头短，额宽，颈短粗，颈垂及前后躯发达，背腰平直而宽，四肢端正而短，肋骨张开，躯干呈圆筒形，具有典型肉用牛的长方体型。被毛除头、颈垂、腹下、四肢下部和尾端为白色外，其他部分均为红棕色，有“六端白”之称。皮肤为橙红色。海福特牛有角或无角。

［生产性能］初生重一般为 28～34 kg，成年体重，公牛为 900～1 100 kg，母牛为 500～700 kg。肥育性能很好，耐苦耐寒，可以青草肥育。肉质优良，肉味也好，屠宰率一般为 60%～65%，阉牛经很好的肥育后屠宰率可达 70%。

二、肉牛品种分类

肉牛品种按照体型大小可分为 2 类。

（1）中、小型早熟品种。体型较小，一般成年公牛体重 550～

700 kg，成年母牛体重 400～500 kg。成年母牛体高在 127 cm 以下的为小型，体高在 128～136 cm 的为中型。生长快，胴体脂肪含量多，皮下脂肪厚。如安格斯牛、海福特牛。

（2）大型品种。体型大，一般成年公牛体重 1 000 kg 以上，成年母牛体重 700 kg 以上，体高 136 cm 以上。肌肉发达，脂肪少，生长快，但晚熟。如夏洛来牛等。

三、肉牛引种

目前，我国肉牛优良品种的引种方式主要有两种，一种是引进活体种牛，另一种是引进冻精和胚胎。标准化养殖场在引进种牛或冻精、胚胎时，要注意以下几方面。

1. 引种准备

（1）调查了解引种地区牛群质量及健康状况，保证引种质量。

（2）做好引种肉牛的饲草饲料准备，备好优质、新鲜的饲料。

（3）做好引进肉牛的隔离舍准备。隔离舍应远离饲养场地，对隔离舍进行彻底清扫、喷雾消毒等处理，保证隔离舍干净卫生。

（4）对调运车辆做好严格消毒，用 3%～4%烧碱溶液进行喷雾消毒。

（5）做好疫苗、药物准备工作。

2. 报告登记和凭证运输

引种时必须向当地动物卫生监督部门提出申请和登记，取得当地动物卫生监督机构的同意。同时报告输出地的动物卫生监督机构，经输出地动物卫生监督机构检疫，检疫合格并出具出县/境动物检疫合格证明、非疫区证明、动物及其产品运载工具消毒证明等有效证明后方可运输，给运输动物佩戴免疫标志。到达目的地后，持有关证明向当地动物卫生监督所报检，经隔离观察、检疫合格后方可混群饲养。

3. 引种

（1）选择品种要根据当地的气候、草料和生产技术水平来确定，但选择生长速度快、瘦肉率高、肉色好、口味佳的品种是提高牛场经济效益的前提条件，这就要求种牛引进前必须查看预选牛场的生产档案。

（2）查看引进公牛、冻精或胚胎的系谱，避免近交。查看引种公牛是否有后裔测定成绩或遗传评估结果，该胚胎的父母代是否有生产性能测定记录。对于种牛要查看该公牛外貌表现及发育情况；冻精或胚胎应该有明显的标记（公牛号、品种以及采精时间等），需检查精液品质、胚胎质量。

（3）冻精或胚胎应放入液氮贮存罐运输。移动液氮贮存罐时，应提握罐柄，轻拿轻放，防止冲撞。液氮贮存罐装车运输时，应在罐底加防震软垫，罐体加外套装入木箱，牢固地加以栓系，防止倾倒。

（4）应根据本场的饲养规模、经济承受能力来确定数量。一般情况下，大型规模养牛场均采用分批分段引进，对于百头以内的小场而言，可采用整批引进。

4. 种牛装车前的准备

（1）一般引种都是汽车运输。汽车首先应检查车况，并事先装好牛栏，不能因为汽车的问题而在路上耽搁，并且如果 1 次引进数量较多，最好使用有分格的牛栏，以免牛多而互相挤压，造成不必要的损失，同时应带上毡布等以备不时之需。

（2）装车前首先要用消毒液对车辆进行彻底消毒，最好采用 3 种不同成分的消毒液彻底消毒 3 次，待车辆晾干后再装车。

（3）装车前，需要把一切手续办好，包括交款发票、检疫证明、车辆消毒证明、免疫卡、免疫程序、饲料配方、饲养手册等一切资料，以备查验。

（4）如果路途较远，应在装牛前将途中肉牛饮水用具配好，必要时安装上自动饮水器及大水桶。牛 1～2 d 不采食可以，但若长时间不饮水则对种牛极为不利，准备一些矿物质及电解多维加入饮水中，以防因长途运输给牛带来抵抗力下降、机体紊乱等负面影响，若运输时间在 4 d 以上，就需要带上一些颗粒饲料；还需准备适量饲草和一些常用药品以及缝合器械、缝合线等。

（5）如果是长途运输，最好在种牛上车当天不要饲喂，以免发生脱肛现象，同时应根据种牛体重大小，给每头种牛注射防应激药物（如普鲁卡因），以减少由于运输及环境变化所造成的应激反应。

5. 种牛运输途中注意事项

（1）减少对种牛的应激反应，可在运输车上铺放垫料。运输应选择在阴凉的天气和时间点，到场后补充维生素和新鲜饲料；至少每 12 h 给种牛饲喂草料、饮水、带车消毒 1 次，并根据情况在饮水中加入一些抗应激、抗寒或防暑物质。

（2）重视运输过程（图 1-7）。一般要有 1～2 名具有养牛经验的技术人员押运，每隔 30 min 要对种牛观察（透过车窗向后看）1 次，至少每 4 h 停车观察 1 次，并检查种牛情况。如果有卧倒的种牛应赶起来，以免相互踩伤；如有应激反应症状应及时进行治疗。要确保牛

图 1-7　运输

的饮水充足，采饲适度，必要时在加油站给水，热天要冲水降温，冬天要透气，路遇大雨，要用毡布盖住。

（3）运输途中不得捎货或进行不必要的停车。在确保安全的前提下尽量缩短在途时间，但不得开快车、急刹车，以免对牛造成损伤。

（4）运输途中不得接触或携带其他动物及生的畜产品，不得去饲养场、兽医院、畜牧（肉）市场、屠宰场等，不得已接触到上述区域或动物及产品，接触人员要进行严格消毒后方可押运。

6. 引进后的注意事项

（1）引种必须保存所有引种资料并建立自己牛场的种牛档案。

（2）种牛引进后，要在隔离舍内单独饲养，不能与本场肉牛养在一起，一般隔离 30～45 d。在隔离期间，10 d 后若群体正常，要按照本场免疫程序对引进牛实行疫苗接种。

（3）引进牛在饲养方式上要根据原场提供的饲料配方、饲养手册进行饲养，并逐渐添加本场饲料，7～10 d 后过渡到本场饲养方式。切记不能急于求成，以免造成不必要的损失。

（4）在隔离观察期间，要注意种牛的变化并做好记录。对隔离期内无异常种牛可转入种牛舍；对发现应激反应症状的种牛应由专业兽医及时进行临床细致检查，分析其病因，同时了解种牛原在地常发病的情况，然后选用相应的药物进行对症治疗，待一切正常后方可转入种牛舍。

（5）在隔离观察期内对牛进行驱虫，使牛体内外绝大多数寄生虫得以清除。观察饲养期满后，根据牛年龄、品种、体重的不同转入不同健康牛群。

四、牛的生物学特征

牛作为一种反刍动物，具有与其他单胃动物不同的、独特的生物学特性。

（一）恋群性

牛喜欢小群活动，通常一小群有 3～5 头（图 1-8），其他牛的到来，会引起争斗。新引进的牛要先进行大群饲养，待个体间互相熟悉后再进行分群饲养，这样可减少争斗，防止产生不必要的损失。舍饲时最好采用对头式拴系，可解除它的后顾之忧，使牛有安全感，放心采食。牛群放牧时具有大群内组成小群的特征，放牧 100 头牛需要约 1 hm^2 草场。

图 1-8　小群活动

（二）适应性

肉牛对环境适应性强。从其他地方引入的牛，只要自然环境接近，就能较快地适应新环境。在异地育肥时，产地与引入地的环境条件一致有助于肉牛的生长。肉牛对低温的适应能力强于对高温的，当环境温度超过 27 ℃时，肉牛的采食量减少，生长受影响。当环境温度低于 8 ℃时，牛的维持营养需要增加，采食量增加。牛舍要注意夏季防暑，舍内温度以控制在 8～12 ℃为好，相对湿度不高于 85%。

（三）采食和饮水特性

1. 采食特性

（1）用舌将饲料卷入口腔。牛上腭无门齿，啃食能力较差，主要依靠长而灵活的舌将饲料卷入口腔。牛舌的肌肉发达、结实，表面粗糙，适于卷食草料。饲料首次通过口腔时不充分咀嚼，很快吞咽，牛舌卷入的异物是吐不出来的，如果饲料中混入铁丝、铁钉等尖锐物，这些尖锐物就会随饲料进入胃内，当牛进行反刍时，胃壁强烈收缩，尖锐物受压会刺破胃壁，造成创伤性胃炎，有时还会刺伤与胃邻近的脏器（如横膈膜、心包、心脏等），并引起这些器官发炎。因此，饲喂前要剔除饲料中的异物（毒草、铁钉和玻璃碴），防止牛误食并吞咽入胃中。图 1-9 为牛只采食粗饲料。

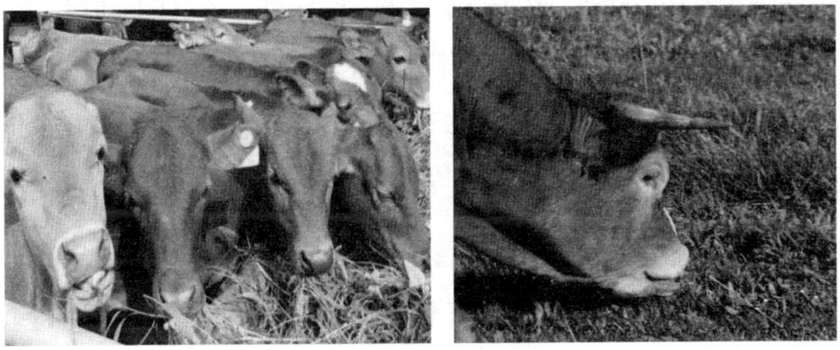

图 1-9　牛只采食粗饲料

（2）采食快而粗糙，不经细嚼即咽下，饱食后进行反刍。当给牛饲喂整粒谷料时，大部分未经嚼碎而被咽下沉入瘤胃底，未能进行反刍便转入第四胃，造成消化不完全（过料），最后整粒的饲料会随粪便排出。当给牛饲喂未经切碎或搅拌的块根、块茎类饲料时，常发生大块的根、茎饲料卡在食道部的现象，引起食道梗阻，会危及牛的生命。因此，饲喂牛的饲料要进行加工调制。图 1-10 为牛只采食全混合日粮。

图 1-10　牛只采食全混合日粮

（3）喜采食新鲜饲料。肉牛喜采食新鲜饲料，饲喂时宜少喂、勤喂。一次投喂过多，在饲槽中被牛拱食较久，又粘上牛鼻镜等处的分泌物，牛就不喜欢采食了，因此牛下槽后要及时清除剩草，并将其晾干或晒干后再喂。肉牛喜食青绿饲料、多汁饲料，其次是优质青干草，再次是低水分的青贮饲料；最不喜食的是秸秆类粗饲料。牛对青绿饲料、精饲料、多汁饲料和优质青干草采食快，对秸秆类饲料则采食慢；对精饲料，牛爱食拇指大小的颗粒料，但不喜欢吃粉料；将秸秆饲料铡短拌入精饲料或搅碎的块根、块茎饲喂，可以增进牛的食欲和采食量。将秸秆饲料粉碎后与精饲料混合压成颗粒饲料，也可增加牛的采食量，并提高饲料利用率。

（4）有较强的竞食性。即在自由采食或群养时互相抢食，可利用这一特性来增加粗饲料的采食量。日粮中磷、钙或食盐不足，牛会舔土、盐、碱渍、尿渍等，这时应检查饲料日粮，补充欠缺的矿物质元素。

（5）不能采食过矮的牧草。牛没有上门齿，不能采食过矮的牧草，故在早春季节牧草生长高度不超过 5 cm 时不要放牧，否则牛难以吃饱，并因“跑青”（图 1-11）而过分消耗体力，也会由于抢食行进速度过快，践踏牧草，造成浪费。秋季牧草被采食完毕，失去再生长能力，变得枯黄，要进行转场（图 1-12）或改为舍饲。

图 1-11　跑青现象

图 1-12　秋季转场

（6）采食时大量分泌唾液。牛在采食时会分泌大量的唾液，特别是在饲喂干粗饲料含量高的日粮时，唾液的分泌量更多。唾液可以湿润草料，使其形成食团，便于咀嚼，也便于吞咽和反刍。牛的唾液呈碱性，pH 约为 8.2，可中和瘤胃内由细菌作用产生的有机酸，使瘤胃的 pH 维持在 6.5～7.5，这也给瘤胃微生物繁殖提供了适宜的条件。

（7）放牧时易游走或惊群。放牧牛时受到应激容易追赶或惊群。应保持相对安静，减少追赶和游走时间，防止惊群或狂奔。当游走时间多，采食时间会相对减少，运动量增加，消耗能量增多，增重下降。为寻找好草而驱赶放牧时，容易导致采食不均，草地遭践踏，优质牧草易被淘汰，劣草、毒草易繁殖，破坏植被，降低草地生产力，甚至破坏草地生态系统。放牧时牛容易误食毒草，特别是冬季一直采食枯草的牛，初在青草地上放牧，很容易误食毒草而中毒。牛只放牧状态见图 1-13。

在采食丰盛牧草时，1 头牛每小时摄入约 1 kg 干物质（DM），行走约 360 步。放牧牛群体最近的接近距离是：休息时 2～3 m，放牧时 4～10 m，育成牛 1 m。牛只放牧间距见图 1-14。

图 1-13　牛只放牧状态

图 1-14　牛只放牧间距

2. 采食时间

自由采食，每天的采食时间为 6～7 h。若饲草粗糙，如饲草太长或采食秸秆等，则采食时间更长。当日粮质量差时，应延长饲喂时间；若饲用的饲草软、嫩、鲜，则采食时间可缩短。肉牛具有早晚采食和夜间采食的习性，可早晚饲喂精饲料，夜间让其自由采食粗饲料。舍饲时牛舍环境的温度也影响牛的采食，当气温低于 20 ℃时，有 68％的采食时间在白天；当气温在 27 ℃时，仅有 37％的采食时间在白天，因此，夏天可以夜饲为主，特别是夏季白天气温高，采食时间缩短，采食量不足时，更应加强夜饲。

当冬季舍饲饲料质量较差时，也要延长饲喂时间或加强夜间饲喂（添夜草）。

3. 采食量

牛一昼夜的采食量与其体重相关，相对采食量随体重增加而减少，如育肥的周岁牛体重为 250 kg 时，日采食干物质量可达其体重的 2.8%；体重为 500 kg 时，则采食干物质量为其体重的 2.3%。膘情好的牛，按单位体重计算的采食量低于膘情差的牛；健康牛的采食量则比瘦弱牛多。牛对切短的干草比长草采食量要大，对草粉的采食量少，若把草粉制成颗粒，其采食量可增加近 50%。当日粮中营养不全时，牛的采食量减少；当日粮中精饲料增加时，牛的采食量也随之增加；但当精饲料量占日粮的 30%以上时，对干物质的采食量不再增加；若精饲料量占日粮的 70%以上时，采食量反而下降。日粮中脂肪含量超过 6%时，粗纤维的消化率下降；日粮中脂肪含量超过 12%时，牛的食欲受到抑制。此外，安静的环境、延长采食时间，均可增加采食量。放牧的肉牛，日采食鲜草量占其活重的 10%左右，日采食干物质 6～12 kg。放牧的普通黄牛、西门塔尔牛、夏洛来牛等，日采食牧草口数约 2.4 万口，平均每分钟采食 50～80 口；放牧的牦牛日采食牧草口数为 1.54 万～3.75 万口，平均每分钟采食 48 口。

4. 饮水

牛饮水（图 1-15）时把嘴插进水里吸水，鼻孔露在水面上，一般每天至少饮水 4 次，饮水行为多发生在午前和傍晚，很少在夜间或黎明时饮水。饮水量因环境温度和采食饲料的种类不同而有较大差异，一般每天饮水 15～30 L。饮水量可按干物质与水 1∶5 左右的比例供给。冬天应饮温水，水温不低于 15 ℃，冰冷水最好将水加热到 10～25 ℃再喂，以促进采食量和肠胃的消化吸收，对减少体热的消耗也有好处。牛忌饮冰碴水，否则容易引发消化不良，诱发消化道疾病。肉牛在高温状态下，主要依靠水分蒸发来散发体热，饮水充足有利于体液蒸发，可以带走多余的体热。夏季肉牛的饮水量可较平时增加30%～50%，饮水不足时，牛的耐热性能下降。因此，应给肉牛提供无限制的、新鲜的、干净的饮水。水质要符合饮用水卫生标准，每次饮水后，应将水槽洗净。水槽应放在阴凉、肉牛容易走到的地方。夏季最好用凉水或深井水或新放出的自来水喂牛，并可适量加入一些盐或口服补液盐，以补充体内电解质。

图 1-15 饮水

（四）牛的消化特性

1. 消化器官

（1）口腔和上颚（图 1-16、图 1-17）。牛没有上切齿和犬齿，吃草采食依靠上牙床、下切齿、嘴唇和舌的配合来完成。牛的唾液分泌量很大，成年母牛一天可分泌唾液100～150 L。唾液中含有黏蛋白、尿素及无机盐（主要为Na^+和Cl^-），既为瘤胃微生物提供了大量营养物质，又是重要的缓冲物质，对维持瘤胃pH具有重要意义。

反刍动物的口腔主要发生3个物理过程：采食、咀嚼和吞咽。采食是把食物卷入口腔的过程。采食主要依靠舌头、唇和牙齿来完

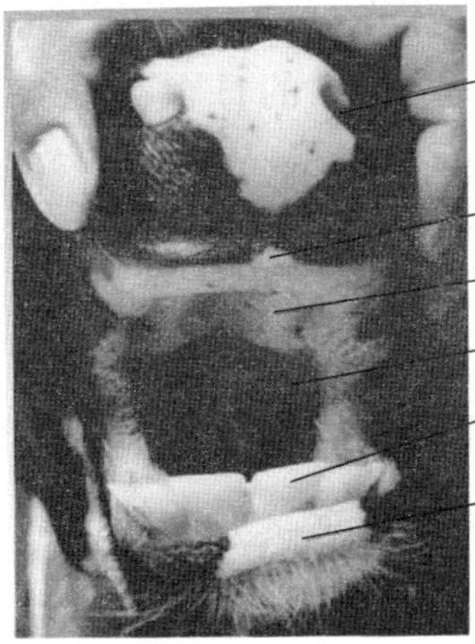

图 1-16 牛口腔

1. 鼻孔 2. 上唇 3. 上颚

4. 口腔 5. 门齿 6. 下唇

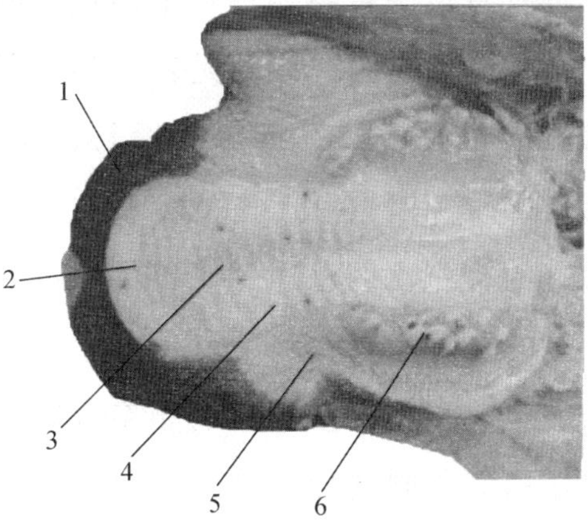

图 1-17 牛上颚

1. 上唇 2. 切齿乳头 3. 腭缝

4. 腭褶 5. 颊部乳头 6. 颊齿

成。咀嚼是碾碎食物的过程。咀嚼后的食物形成一个小而紧实的食团通过食道进入下一段消化道。吞咽就是咀嚼后吞入的过程。咀嚼完成后，食团被舌头卷入口腔的后部。食团通过咽喉部时，咽喉部反射性的关闭对呼吸有一个短暂性的抑制作用，形成的食团最后通过食道进入胃。

(2) 咽和食管。咽位于口腔、鼻腔的后方，喉和气管的前上方，是消化和呼吸的共同通道。食管是将食物由咽运送到胃的肌质管道，分颈、胸、腹三段。

(3) 胃。胃位于腹腔内，是消化道的膨大部分。前接食管处形成贲门，后以幽门通十二指肠。牛的胃为多室胃，由瘤胃（图 1-18）、网胃、瓣胃和皱胃组成，网胃和瘤胃并没有完全分开，功能基本相同，瘤胃内有大量的微生物繁殖活动，能起发酵作用，分解青、粗饲料中的纤维素和半纤维素，产生各种化合物而被牛体消化吸收。前三个胃无消化腺，主要起贮存食物和发酵、分解粗纤维的作用，称前胃；第四个胃（皱胃）有消化腺分布，能分泌胃液，进行化学性消化，故又称真胃。牛胃容积占整个消化道的68%～80%。

牛刚出生时，皱胃是胃中最大的胃室。这时牛的日粮类型与单胃动物相似。随着日龄的增长，牛对植物性日粮的采食量逐渐增加，网胃、瘤胃和瓣胃的容积也不断扩大，到6～12月龄时，四个胃室的容积比例已达到成年牛的水平。犊牛在1～2周龄时开始啃食少量的草，随着粗料采食量的增加，瘤胃和网胃的相对容积相应地增大。前三个胃室的收缩频率也随着生长发育过程及逐渐加强的发酵作用而急剧增加。犊牛瘤胃和皱胃变化见图1-19。

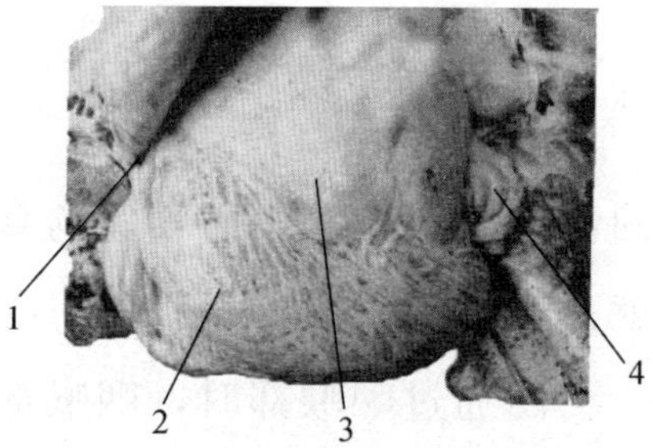

图1-18　瘤胃

1. 脾脏　2. 大网膜　3. 瘤胃　4. 结肠

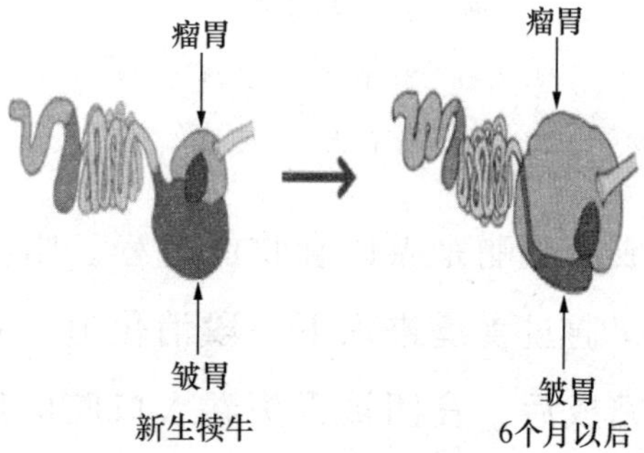

图1-19　犊牛瘤胃和皱胃变化

①瘤胃（图1-20）。瘤胃容积最大，约占4个胃总容积的80%。呈前后稍长、左右略扁的椭圆形，占据整个左腹腔，其下部伸向右侧腹腔。瘤胃前端与第7～8肋间隙相对，后端达骨盆腔前口。瘤胃内有大量的有机物和水，pH接近中性，为7.2左右，温度适宜，为39～41 ℃，渗透压与血液相近，特别适合微生物的生长和繁殖。

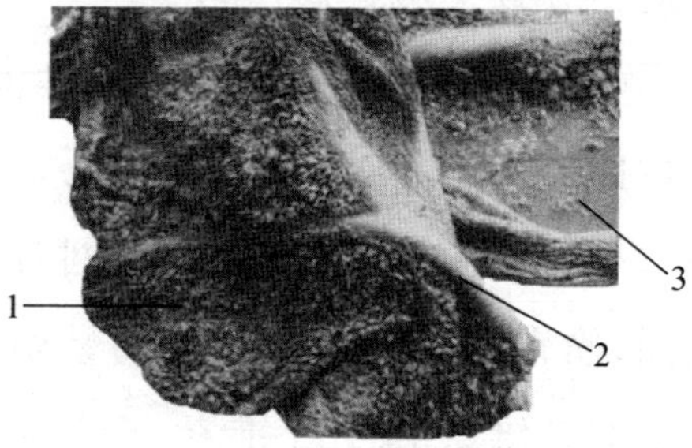

图1-20　瘤胃

1. 瘤胃黏膜层乳头　2. 肉柱　3. 瘤胃内容物

瘤胃内的微生物主要是细菌、真菌和纤毛虫。瘤胃内容物在微生物作用下发酵，并放出热量。所以，瘤胃内温度较体温高1～2 ℃，不过，由于身体传导，呼吸及皮肤散热，瘤胃温度不致过高。

牛的瘤胃中寄居着大量的细菌和原虫。据测定，每毫升瘤胃内容物的微生物数量为 10^9～10^{10}个，60 多种。这些微生物不断发酵瘤胃中的饲料营养物质，产生挥发性脂肪酸及各种气体。这些气体只有通过不断地嗳气动作排出体外，才能预防臌气。牛在饲喂后 0.5～2.0 h 期间是其产气高峰期。当采食大量带有露水的豆科牧草和富含淀粉的根茎类饲料（如甘薯）时，瘤胃发酵作用急剧上升，所产生的气体来不及排出时，就会出现“臌气”。此时若不及时机械放气和酒药止酵，就会使牛窒息死亡。

②网胃（图 1-21）。网胃容积最小，约占 4 个胃总容积的 5%。网胃似梨状，前后稍扁，位于季肋部的正中矢状面上，瘤胃背囊的前下方，与第 6～8 肋间隙相对。网胃的后上方有较大的瘤网胃口与瘤胃背囊相通；右下方有网瓣胃口与瓣胃相通。网胃与心包之间仅以膈相隔，距离很近，当牛吞食的尖锐物体停留在网胃时，常可穿透胃壁和膈而刺破心包，引起创伤性心包炎。网胃的黏膜形成许多网格状的皱褶，呈蜂巢状，故又称蜂巢胃。皱褶上密布角质乳头。自瘤胃贲门至网瓣胃口之间有一条螺旋状的沟，称为食管沟，沟两侧有隆起的黏膜褶，称食管沟唇。犊牛的食管沟唇很发达，可闭合成管，乳汁可由贲门经食管沟和瓣

图 1-21 网胃

1. 瘤胃壁 2. 网胃壁

胃沟直达皱胃；成年牛的食管沟闭合不严。

③瓣胃（图 1-22）。瓣胃占 4 个胃总容积的 7%～8%，呈两侧稍扁的球形，很坚实。瓣胃的黏膜形成百余片大小、宽窄不同的叶片，故又称“百叶”。在瓣胃底部有一瓣胃沟，前接网瓣胃口与食管沟相连，后接瓣皱胃口与皱胃相通，液态饲料可经此沟直接进入皱胃。

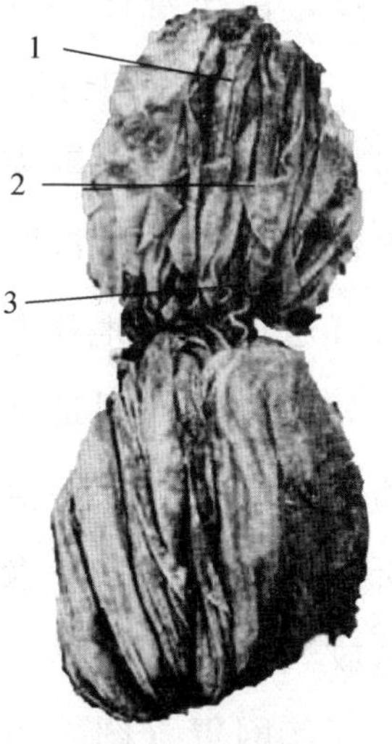

图 1-22　瓣胃

1. 瓣胃大叶　2. 瓣胃中叶
3. 瓣胃小叶

④皱胃（图 1-23）。皱胃呈长囊状，占 4 个胃总容积的 7%～8%，其前端粗大，称为胃底部，与瓣胃相连；后端狭窄称幽门部，与十二指肠相连。皱胃能分泌胃液，主要进行化学性消化。凝乳酶主要存在于犊牛的胃中，它能使乳汁凝固，延长乳汁在胃内停留的时间，以利于充分消化。

瘤胃是进行生物学消化的主要部位，饲料中 70%～85%的可消化干物质和约 50%的粗纤维都在瘤胃内被消化。网胃相当于一个“中转站”，一方面将粗硬的饲料返送回瘤胃，另一方面将较稀软的饲料运送到瓣胃。瓣胃如同一个“过滤器”，通过收缩把食物稀软部分送入皱胃，把粗糙部分留在瓣叶间揉搓研磨，以利于下一步的继续消化。在此还大量吸收水和酸。皱胃的功能与单室胃相同。

（4）小肠（图 1-24）。小肠细长而弯曲，是食物进行消化吸收的主要部位，前接胃的幽门，后以回盲口通盲肠。总长 1.5 m 左右，由十二指肠、空肠和回肠组成。

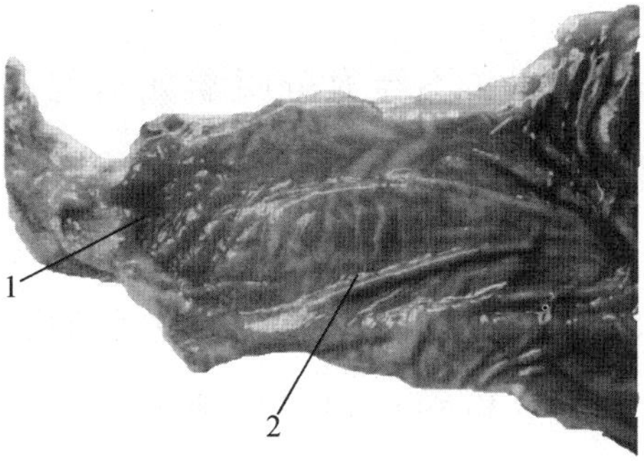

图 1-23　皱胃

1. 幽门　2. 皱胃黏膜褶

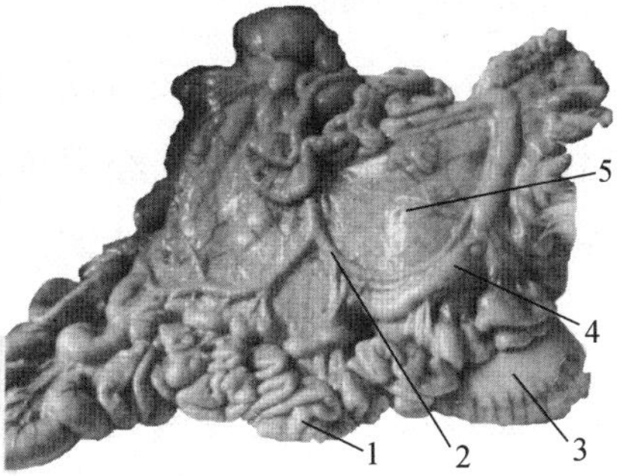

图 1-24　小肠

1. 空肠　2. 肠系膜　3. 瘤胃

4. 空肠淋巴结　5. 空肠系膜

（5）大肠（图 1-25）。大肠包括盲肠、结肠和直肠三段，前接回肠，后通肛门。大肠的结构与小肠基本相似，但肠腔宽大，黏膜表面平滑，无肠绒毛。黏膜内有排列整齐的大肠腺，但大肠腺的分泌物中不含消化酶。

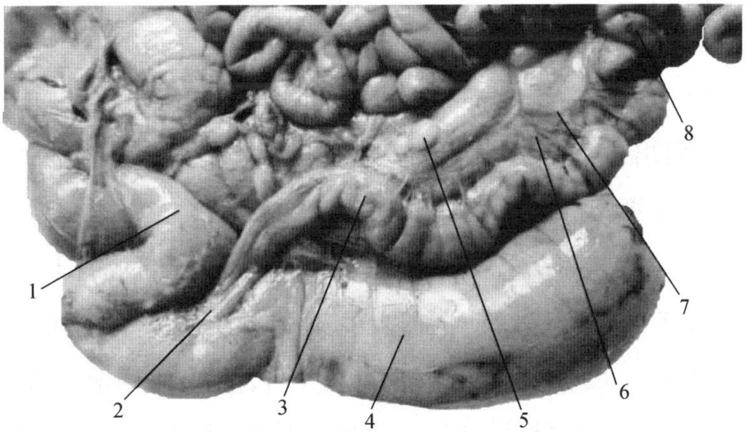

图 1-25　大肠

1. 结肠近袢　2. 回盲口　3. 回肠　4. 盲肠　5. 肠系膜淋巴结

6. 肠系膜　7. 肠系膜血管　8. 空肠

2. 消化特性

(1) 反刍特性。反刍动物采食时，往往不经充分咀嚼就匆匆吞咽。饲料进入瘤胃后，经浸泡和软化，在休息时又被逆呕回口腔进行仔细咀嚼，并混入唾液再行咽下，这一过程称为反刍。反刍就像一种有控制的呕吐，它是对富含粗纤维的植物性饲料消化过程的补充。通过反刍，这类粗饲料被二次咀嚼（粉碎）和混合唾液，以增大瘤胃细菌的附着面积。反刍是一种复杂的生理性反射过程，由逆呕吐、再咀嚼、混合唾液和吞咽 4 个过程构成。牛的日反刍时间一般为 6～8 h，采食后 1～2 h 开始反刍，饲料的物理性质和瘤胃中挥发性脂肪酸（VFA）是影响反刍的主要因素。

牛是反刍动物，消化系统主要由胃肠道和其消化液分泌腺体组成。牛有 4 个胃，从前向后分别为瘤胃、网胃（蜂窝胃）、瓣胃和皱胃（真胃）。牛的消化生理最突出的特点是可以依靠瘤胃微生物消化粗饲料，合成可为动物利用的营养物质。牛在采食后休息时，才把食物从瘤胃返回到口腔，进行充分咀嚼，这就是反刍。反刍是一个生理过程，牛反刍行为的建立与瘤胃的发育有关，犊牛一般在出生后 3～4 周出现反刍，其出现时间的早晚与采食粗饲料的早晚有关。反刍时需要安静的环境，成年牛每天反刍 9～16 次，每次 15～45 min，牛一天中昼夜采食的时间为 6～7 h，反刍的时间为 6～8 h。经过反刍可将饲料磨碎，使饲料暴露表面积更大，有助于微生物对粗纤维的消化。反刍不能提高消化率，只能增加牛利用的饲料总量，因为饲料颗粒必须小到一定程度才能通过瘤胃。反刍时，每一个柔软的饲料团（食团），从瘤胃经食管到口腔需要的时间不到 1 s。每个食团的咀嚼时间约 1 min，然后全部吞咽。采食优质牧草用的反刍时间少，过瘤胃的速度快，因此采食量较大。牛采食的粗饲料量最多不应该超过反刍 9 h 的数量，否则容易引起消化性和营养性疾病。

经反刍的食物进入瘤胃前庭，其中较细的部分进入网胃，较粗的部分仍与瘤胃内容物混合。反刍动物每天需要花费6～8 h的时间来反刍，具体所需时间根据日粮类型不同而有所变化，纤维素含量高的饲料花费的时间长一些。反刍是与动物摄食粗饲料相联系的。犊牛一般在出生后3～4周出现反刍，其出现时间早晚与采食粗饲料的早晚有关。成年反刍动物一般在饲喂后0.5～1.0 h开始反刍，每次反刍40～50 min，然后间隔一定时间再开始第二次反刍。牛一昼夜反刍6～8次，幼畜可达16次。

反刍是反刍动物最重要的生理机能，其生理意义是：充分咀嚼，帮助消化；混合唾液，中和胃内容物发酵时产生的有机酸；排出瘤胃内发酵产生的气体；促进食糜向后部消化管的推进。动物患病和过度疲劳都可能引起反刍的减少或停止。

（2）食管沟反射。在食管的末端有一个皱褶结构，当它关闭合拢时形成一个由食道至瓣胃的管状结构，称食管沟（图1-26）。哺乳期的犊牛吸吮乳汁使食管沟出现反射性的闭合，称为食管沟反射，可使乳汁直接从食道进入瓣胃和皱胃。

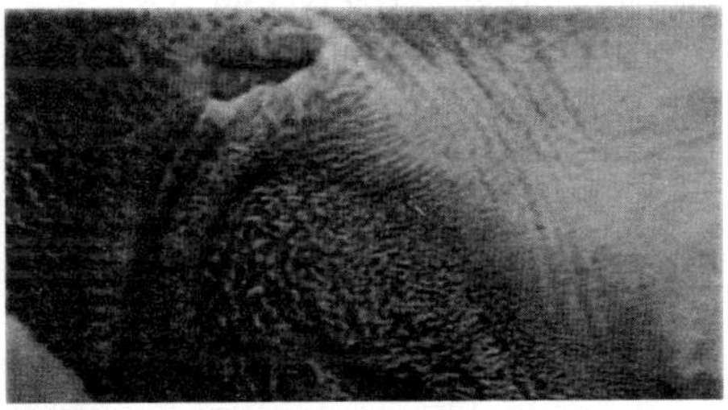

图1-26 食管沟

牛的食管沟是起始于贲门，向下延伸至网胃、瓣胃之间的半开放孔道，是食管的延续。犊牛瘤胃不具备消化牛奶和饲料的能力，只有皱胃具备这些功能。犊牛吮吸乳汁时食管沟闭合，将乳汁直接送入皱胃中，以防牛乳进入瘤胃和网胃而引起发酵和消化道疾病。一般情况下，哺乳期结束的育成牛和成年牛食管沟反射逐渐消失。一些无机盐能刺激食管沟收缩，促使其闭合，在牛的生产中经常利用食管沟反射给成年牛投药，使药液直接进入瓣胃和皱胃，减少瘤胃微生物对药物的分解。

（3）瘤胃消化。瘤胃是肉牛对饲料营养物质进行消化利用的重要器官，瘤胃壁没有消化腺，不分泌胃液，只有皱胃是能分泌胃液的真胃；但瘤胃含有大量微生物，每克瘤胃内容物中含有 10^5～10^6 个瘤胃原虫和 10^9～10^{10}个细菌。瘤胃具有使发酵饲料中的碳水化合物生成挥发性脂肪酸、合成菌体蛋白质以供牛体利用的作用。瘤胃微生物可以合成 B 族维生素和维生素 K，一般情况下可以满足牛的需要，不必考虑在饲料中另外添加。牛采食过量精饲料后，会产生一种以在瘤胃内积蓄大量乳酸为特征的全身性代谢紊乱疾病。一般发病后会呈现消化系统紊乱、血酸过高的状态；当出现一系列全身性酸中毒症状而未及时治疗或用药不正确时，会造成牛的死亡，给养牛业造成一定损失。

（4）排泄与气味。牛不具有定点排粪尿的行为，主要在站立时排泄。牛排粪次数约 15 次/d。牛的嗅觉灵敏，可根据气味选择采食，且因为牛不喜欢粪便气味，在放牧状态下，牛粪堆周围易形成草丛（图 1-27）。

图 1-27　牛粪堆周围草丛

五、牛的消化生理特点

（一）反刍动物消化道的微生态环境

瘤胃的细菌数量与饲料的种类、饲喂的制度、饲喂后取样的时间、季节及纤毛虫存在与否具有一定关系。瘤胃为其微生物的生长和活动提供了理想的环境。一头体重 300 kg 的牛，瘤胃内容物约为 40 L，约含 4×（10^9～10^{10}）个原虫和 4×（10^{13}～10^{14}）个细菌。瘤胃内微生物有很多种，典型的瘤胃微生物应具有下列条件：必须厌氧生活；必须能产生瘤胃内所见的终产物类型；每克内容物中细菌数量必须在 100 万个以上。

1. 纤毛虫

瘤胃原虫主要是纤毛虫（包括全毛虫、内毛虫、双毛虫等）和少量鞭毛虫。纤毛虫体内有支链淀粉，其功能在于迅速同化可溶性糖，并将 80％以上的糖以淀粉状态贮存起来。牛采食后 2～4 h，纤毛虫淀粉贮量达最高值，这可以防止采食后发生爆发性发酵。纤毛虫不仅能摄食和发酵淀粉，产生 VFA、CO_2 和 H_2，而且能消化分解纤维素等。

影响纤毛虫种群的因素很多，主要有：

（1）日粮。以放牧和干草为主时，由于可溶性糖类比较丰富，全毛虫很多。日粮内淀粉含量高时，则内毛虫数量增多。“放牧＋补草＋补谷物”时，双毛虫数量较多。饲喂“苜蓿＋干草”时，头毛虫和前毛虫数量较多。饲料中补加尿素时，纤毛虫数量增加。日粮中盐类水平高时或投给亚麻仁油时，纤毛虫数量减少。

（2）饲喂次数。日喂 2 次时，纤毛虫数适中；日喂 3 次时，纤毛虫数增多；日喂 4 次时，纤毛虫数增加 1 倍多。

（3）饲料加工工艺。喂粉碎性饲料时，饲料在瘤胃内的周转较快，同时发酵增加，酸度上升，抑制了纤毛虫的发育。饲料颗粒化并热加工后饲喂，纤毛虫的发育则加快。

（4）生理状况。妊娠与挤奶期间，纤毛虫数量增加，饥饿时纤毛虫数量减少。

（5）周期性变化。昼夜间变化主要受饲料的影响，一般饲喂后

2 h纤毛虫数量达最高值，其中全毛虫变化很大，而贫毛虫变化较小。季节性变化主要是由饲料的变化所致。光照和温度也可以影响瘤胃微生物的变化。

2. 细菌

牛瘤胃中细菌种类繁多，其中能分解纤维素的主要有5种左右，发酵淀粉和糖的主要有4种，合成蛋白质的主要有4种，合成维生素的主要有2种。

(1) 纤维素分解菌。除反刍动物外，这类细菌在其他动物的胃肠道内也广泛存在。这类细菌能产生纤维素酸，还可利用纤维双糖。以纤维素为主要日粮时，牛瘤胃内纤维素分解菌数量最大。

(2) 半纤维素分解菌。半纤维素合成戊糖和己糖以及糖醛酸，能水解纤维素的细菌一般可利用半纤维素，但许多能利用半纤维素的细菌却不能利用纤维素。分解半纤维素的细菌有溶纤维丁酸弧菌、多生柔毛螺旋菌和居瘤胃拟杆菌。

(3) 淀粉分解菌。当喂给淀粉含量较高的日粮时，淀粉分解菌的比例较大。许多纤维素分解菌具有分解淀粉的能力，但淀粉分解菌不都能分解纤维素。

(4) 乳酸菌。许多细菌能利用乳酸，正常瘤胃内的乳酸含量不多。有些细菌能利用琥珀酸、苹果酸或延胡索酸，有些细菌能利用甲酸，其他细菌能利用乙酸，草酸也能被瘤胃细菌分解。

(5) 蛋白分解菌。许多瘤胃细菌利用氨基酸作为主要能源，具有分解蛋白质作用的细菌有嗜淀粉拟杆菌、产芽孢梭菌。此外，还有产氨菌、反刍兽新月形单胞菌、埃氏消化链球菌和丁酸弧菌。

(6) 产甲烷菌。瘤胃内气体 CH_4 占25%，但对产甲烷菌知之不多。已知的产甲烷菌有4种。

(7) 维生素合成菌。研究发现有些细菌能合成B族维生素。

瘤胃微生物具有两种重要的功能：使反刍动物能够利用粗饲料和能够消化纤维素。瘤胃微生物把饲料中的纤维素和戊聚糖分解成可利用的有机酸，主要是乙酸、丙酸和丁酸，这些酸统称为挥发性脂肪酸（VFA）。这些挥发性脂肪酸通过瘤胃壁时被大量吸收，可以满足60%～80%的能量需要。微生物的消化作用在反刍动物的消化功能方面具有重要的地位，与反刍动物几乎可以完全依赖粗饲料而生存具有直接的关系。

瘤胃微生物与其宿主是标准的共生关系，它能合成宿主所需要的营养。瘤胃微生物可以合成或制造出所有的B族维生素和所有的必需氨基酸，甚至可以利用非蛋白氮（NPN），例如尿素、氨化物或者相对低劣的蛋白质原料合成氨基酸。从瘤胃流出的微生物最终在后消化道中逐渐被消化。

瘤胃微生物的消化作用与单胃动物的消化作用相比，能产生更多的气体。瘤胃微生物的发酵作用产生的大量气体必须被及时排出，主要是CO_2和甲烷，否则会导致瘤胃臌气。通常，这些气体以嗳气的形式很快被自由排出，也有少部分通过瘤胃吸收进入血液后在肺部随呼吸排出。

（二）瘤胃内的消化代谢

饲料进入瘤胃后，在微生物作用下，发生一系列复杂的消化和代谢过程，产生VFA，饲料的分解产物可用来合成微生物蛋白、糖原和纤维素等，供机体利用。

1. 糖类的分解和利用

反刍动物最主要的特征之一就是能广泛利用高纤维饲料，这一特征得益于瘤胃微生物。在瘤胃微生物协同作用下，纤维素逐段被分解，最终产生挥发性脂肪酸，被反刍动物所吸收利用。

反刍动物饲料内的糖类物质均能被微生物发酵，其中可溶性糖类的发酵速度最快，淀粉次之，纤维素和半纤维素最慢。发酵的终产物主要是 VFA、CO_2 和 CH_4。VFA 主要是乙酸、丙酸、丁酸，可以经动物瘤胃壁吸收进入血液，被机体利用，其中乙酸和丁酸是泌乳期反刍动物合成乳脂的主要原料。微生物随食糜进入皱胃和小肠后被消化。糖原可被宿主吸收利用，这是反刍动物机体葡萄糖的来源之一。

2. 蛋白质的分解和合成

反刍动物能利用饲料中的蛋白氮和非蛋白氮，合成微生物自身的蛋白质，供宿主利用。饲料蛋白进入瘤胃后 50%～70%被微生物的蛋白酶分解为多肽和氨基酸。氨基酸经脱氨基酶的进一步分解，生成有机酸、氨和 CO_2。瘤胃内的微生物还能分解饲料中的非蛋白含氮化合物，如尿素、铵盐、酰胺等，产生氨和 CO_2。一部分氨作为氮源，可被微生物利用合成菌体蛋白，储存在微生物体内；一部分可被瘤胃壁吸收进入血液，经门静脉运输到肝，经鸟氨酸循环生成尿素。肝脏内形成的尿素，一部分经唾液进入瘤胃后被细菌分泌的脲酶分解为 CO_2 和氨；一部分则经瘤胃壁扩散进入瘤胃，其余则经尿排出。进入瘤胃的尿素，经微生物脲酶作用，被降解成氨，再次被微生物利用，氨被瘤胃壁吸收后，可重新合成尿素，这一过程称尿素再循环（鸟氨酸循环）。

3. 维生素的合成

瘤胃中的微生物能够合成 B 族维生素和维生素 K。因此，成年反刍动物的饲料中即使缺少这类维生素，也不会发生这类维生素的缺乏症。但如果饲料中缺乏钴，瘤胃的微生物就不能合成足够的维生素 B_{12}，则可能发生维生素 B_{12} 的缺乏症。幼龄反刍动物因其瘤胃发育不完善，微生物区系尚未完全建立，有可能患维生素缺乏症。

4. 脂肪的分解与合成

瘤胃中的微生物能够水解饲料中的脂肪，生成甘油和脂肪酸，其中甘油发酵生成丙酸，少量被转化为琥珀酸和乳酸；不饱和脂肪酸在体内可转化为饱和脂肪酸。饲料中脂肪水平能够影响脂肪酸的合成。瘤胃微生物内的脂肪酸主要以膜磷脂或游离脂肪酸的形式存在。

5. 气体的生成

瘤胃微生物发酵过程中能产生大量气体。牛一昼夜可产生600～1 300 L 气体，主要是 CO_2 和 CH_4，还有少量的 N_2、O_2 和 H_2S。气体的组成随饲料种类和饲喂时间不同而有较大差异。犊牛出生后的几个月，瘤胃中的气体以 CH_4 为主，随着日粮中纤维素的含量增加，CO_2 的含量逐渐增加，6 月龄达到成年牛的水平。正常情况下，瘤胃中 CO_2 含量比 CH_4 多，但饥饿和气胀时，CH_4 的含量明显超过 CO_2。CH_4 是瘤胃内发酵的主要终产物之一，由 CO_2 还原或甲酸分解产生。瘤胃中约 1/4 的气体通过瘤胃壁吸收进入血液，经肺排出；小部分被微生物利用和随食物残渣经肠胃排出；大部分靠嗳气排出。

6. 微生物对瘤胃内容物 pH 的调节

瘤胃菌群的代谢产物可调节瘤胃内容物的酸碱度。纤毛虫可以通过降低瘤胃内淀粉和可溶性糖的浓度，达到稳定 pH 的作用。在以精料为主要日粮的条件下，对防止产生酸中毒以及部分地缓解精料代替草料而引起的 pH 下降导致纤维消化下降有重要意义。

7. 瘤胃微生物的解毒功能

瘤胃纤毛虫具有降低硝酸盐、亚硝酸盐毒性的作用，细菌也有此功能，但不如纤毛虫强。因此，纤毛虫和细菌对防止动物食入被污染饲料而中毒具用特殊意义。

8. 瘤胃微生物的负面影响

部分瘤胃微生物是有害无益的，如甲烷菌，它的主要作用就是合成甲烷。反刍动物体内甲烷的产生是瘤胃内发酵能量损失的主要原因，有6%～15%的饲料能量以甲烷的形式被损耗。纤毛虫在瘤胃中的负面影响最大，瘤胃内纤毛虫的减少可增加微生物蛋白的含量，改变瘤胃挥发性脂肪酸的比例，增加丙酸含量，减少甲烷。

六、肉牛的生长发育规律

肉牛在生长发育过程中，各阶段的增重及组织的生长是不同的，也是有规律的。

1. 体重增长规律

体重是反映肉牛生长情况最直观、最常用的指标，主要有初生重、断奶体重、周岁体重、成年体重、平均日增重等指标。肉牛的生长曲线呈S形，即犊牛出生后的最初阶段生长较慢，之后生长加快，接近初情期的年龄或体重时，生长开始减缓，然后逐渐缓慢生长，直至达到成年体重。所以，初情期前后的一段时间是肉牛的快速生长期。正常的饲料条件、饲养管理条件下，肉牛体的每月绝对增重是随着年龄增长而增加的，而每月的相对增重（当月增重÷月初体重×100%）是随着年龄增长而下降的，到了成年则稳定在一定水平。除此之外，牛的增重还受性别、年龄、遗传及饲养管理等影响。因此，在生产中一定年龄的公、母牛要分开饲养，饲养标准严格按照营养需要配制，使其充分发育。肉牛有“补偿性生长”的特点，即在某一阶段由于饲料或管理原因造成肉牛生长发育受阻，一旦恢复高饲养水平，牛体重增长速度大大增加，会在一段时间后达到正常体重。尽管如此，但由于饲养期延长，总的饲料消耗成本增加，所以，这种饲养方法并不可取。

2. 肉牛体内组织增长规律

体内组织增长规律主要指骨骼、肌肉、脂肪等的生长规律。犊牛出生时腿相对较长，和整体结构不成比例，体高发育较早，体长、体宽发育较晚。幼龄阶段骨骼生长较快，以后则躯干生长较快。早期的生长重点是头、四肢和骨骼，中期转为体长和肌肉的生长，后期是脂肪和体重的增加。通常情况下，牛的肌肉生长速度是先快后慢，如初生到8月龄是肌肉生长最快的时期，其生长系数为5.3，而8～12月龄其生长系数降为1.7，到1.5岁时其生长系数降为1.2。肌肉生长在出生后主要是肌肉纤维体积增大，而且随着年龄的增长，肉的纹理变粗，故老龄牛的肉质粗硬。肌肉中脂肪沉积发生在相对较晚时间，1岁以上的牛较易形成大理石状脂肪沉积。高能日粮饲喂1周岁达到成年体型，其骨骼和肌肉生长达到高峰的阉牛，其增重主要表现为脂肪量的增加，可以强化大理石纹理的形成。肉牛从断奶到性成熟，其骨骼和肌肉生长较为强烈，各种组织器官相应增大，性机能开始活动，体躯结构和消化类型趋于固定，其骨骼和体型主要向宽和深发展。犊牛出生后发育是否良好，与母牛妊娠期的营养状况密切相关，因为胚胎期的营养由母体供给，所以培育好犊牛应从胚胎期开始。胚胎后期增重较快，特别是妊娠后期或产前的2～3个月。此外，品种、性别对肉牛体组织各部分的生长也有一定影响，早熟品种牛的肌肉和脂肪生长速度较晚熟品种快，而不同性别对脂肪的生长影响较大，公牛肌肉生长快，脂肪生长速度较慢，阉牛的脂肪沉积快于公牛，母牛较易长脂肪。

饲养肉牛时要充分利用其生长发育速度快的时期，使其得到充分生长。在生长发育快的阶段，体组织中蛋白质含量高，水分含量高，脂肪含量少，肉牛对饲料的利用率相应提高。只强调后期育肥，从经济上是不合算的。

七、肉牛的产肉能力和肉品质量的影响因素

1. 肉牛品种

肉用牛的生长期比乳用牛、兼用牛和役用牛短。因此，可进行早期育肥，提前出栏并获得较高的屠宰率和净肉率，肉的品质也好，肌肉大理石花纹明显。品种间杂交可提高产肉量10%～20%。早熟品种生长快于晚熟品种，可提早出栏屠宰。

2. 年龄的影响

牛的年龄对牛的增长速度、肉的品质和饲料报酬有很大影响。幼龄牛的肌纤维较细嫩，水分含量高，脂肪含量少，肉色淡，经育肥可获得最佳品质的牛肉，老龄牛结缔组织增多，肌纤维变硬，脂肪沉积减少，肉质较粗又不易育肥。

3. 性别与去势

牛的性别对肉的产量和肉质也有影响。一般来说，母牛的肉质较好，肌纤维较细，柔嫩多汁，容易肥育。过去习惯对公犊去势后再肥育，认为可以降低性兴奋，性情温驯、迟钝，容易肥育，但近期国内外的研究表明，胴体重、屠宰率和净肉率的高低顺序为公牛、去势牛和母牛，同时随着胴体重量的增加，其脂肪沉积能力则以母牛最快，去势牛次之，公牛最慢。育成公牛比阉牛的眼肌面积大，对饲料有较高的转化率和较快的增重速度，一般生长率高，每增重1 kg所需饲料比阉牛平均少12%。因而，公牛的肥育逐渐得到重视。

4. 饲养水平和营养状况的影响

饲养水平是提高牛产肉能力和改善肉质的重要因素。

5. 杂交对提高肉牛生产能力的影响

牛的经济杂交又称为生产性杂交，主要应用于黄牛改良、肉用

牛的改良以及奶牛的肉用生产，是提高牛肉生产率的主要手段。肉牛经济杂交的主要方式包括：肉牛品种间杂交、改良性杂交（肉用牛×本地牛）及肉用品种和乳用品种的杂交等。

八、经验之谈

（一）养殖户问：养殖肉牛时怎样选择品种和确定养殖工艺？

专家回答：养殖肉牛不仅要饲养管理技术过关，而且必须根据当地的地理特征、气候、环境资源、市场需求等条件，综合分析各品种的适应性、生产力等特点，选择最合适的品种。主要遵循以下几个原则。

1. 适宜性原则

适宜性原则是指按照区域特点选择肉牛品种。农业农村部曾发布肉牛优势区域布局规划，明确了各区域肉牛养殖产业的目标定位与主攻方向。养殖户应首先参照区域布局规划给出的指导意见，选择适宜区域目标定位的肉牛品种。西部区域内的养殖户使用安格斯牛、西门塔尔牛、利木赞牛、夏洛来牛等品种的改良牛，或选择适宜的国内品种如新疆褐牛、秦川牛。

2. 适时性原则

养殖户应密切关注市场行情，将市场需求作为品种结构调整的参考依据。

（1）瘦肉市场。市场需要脂肪含量低的牛肉时，可选择皮埃蒙特牛、夏洛来牛、比利时蓝白花牛等引进品种的改良牛，或者选择荷斯坦牛的公犊。

（2）肥肉市场。市场需要脂肪含量较高的牛肉时，可选择地方优良品种，如晋南牛、秦川牛、南阳牛和鲁西牛等，这些品种耐粗饲，只要日粮能量水平高，即可获得脂肪含量较高的胴体。除了地方品种外，也可选择安格斯牛、海福特牛、短角牛等引进品种的改良牛；但除海福特牛以外，引进品种均不耐粗饲，需要有良好的饲料条件。

（3）花肉市场。花肉即五花肉。高品质的五花牛肉，俗称“大理石状”牛肉或“雪花”牛肉，具有香、鲜、嫩的特点，是中西餐均适用的高档产品。市场需求五花牛肉时，可选择地方优良品种以及安格斯牛、利木赞牛、西门塔尔牛、短角牛等引进品种的改良牛，在高营养条件下育肥，既能获得高日增重，也容易生产出受市场欢迎的五花肉。

（4）白肉市场。白肉用犊牛育肥而得，肉色全白或稍带浅粉色，肉质细嫩，营养丰富，味道鲜美，市场价格比普通牛肉高出数倍。白肉可分为小白牛肉和小牛肉两种。用牛奶作日粮，养到4～5月龄、体重150 kg左右屠宰产出的肉为小白牛肉；用代乳料作日粮，养到7～8月龄、体重250 kg左右屠宰产出的肉为小牛肉。生产白肉的品种，以乳用公犊最佳，肉用公犊次之。市场需要白肉时，选择淘汰的公牛犊，低成本就可获得高效益。选择夏洛来牛、利木赞牛、西门塔尔牛、皮埃蒙特牛等优良品种改良的公犊，也可生产出优质的小牛肉。

3. 适用性原则

肉牛品种的选择，需考虑该品种是否具有市场优势，不具备市场优势的品种，产品价格低且销量有限，养殖效益不高。

（1）考虑产销关系。生产白肉投入很大，必须按市场需求量有计划地进行，不能盲目扩大生产。餐饮行业对花肉的需求量较多，是肥牛火锅、铁板牛肉、西餐牛排等优先选用的产品，但成本较高，市场风险相对较大。如果没有稳妥可靠的销售渠道，养殖户最好选择生产普通牛肉的品种饲养。

（2）考虑杂种优势。用引进优良品种培育的改良牛，具有明显的杂种优势，生长发育快，抗病力强，适应性好，可在一定程度上降低饲养成本；也可按照市场需求，利用不同杂交系改善牛肉质量，获得最佳的经济效益。

（3）考虑性别特点。公牛生长发育快，生产瘦牛肉时应优先选择。相反，如果生产高脂肪牛肉与五花牛肉，则以母牛为宜。但需要注意的是，母牛较公牛要多消耗10％以上的精料。阉牛则处于公牛和母牛之间。如果选用架子牛进行育肥，应在3～6月龄时去势，这样可以减少应激，显著提高出肉率和肉的品质。

（4）考虑外貌特征。在选择架子牛时，应注重外貌和体重。肉牛外貌要求发育良好、骨架大、胸宽深和背腰长宽直等。一般情况下，1.5～2.0岁牛的体重应在300 kg以上，体高和胸围最好大于同龄牛的平均值。四肢与躯体较长的架子牛，有生长发育潜力；若幼牛体形已趋匀称，则将来发育不一定很好；十字部略高于体高和后肢飞节高的牛，发育能力强；皮肤松弛柔软、被毛柔软密致的牛，肉质良好；发育虽好但性情暴躁的牛，管理起来比较困难，不建议选用；体质健康、10岁以上的老牛，采用高营养日粮育肥2～3个月，也可获得较好的经济效益，但不能采用低营养日粮延长育肥期的方法，否则牛肉质量差，且会增加饲草费用和人工费用。

4. 适应性原则

在适应大环境、大市场的同时，养殖肉牛还必须与当地自然资源和环境条件相适应。如果当地自然环境条件与引入地差距太大，肉牛无法适应，经济效益也不会很理想。

（1）农区。农区以种植业为主，作物秸秆多，可饲养西门塔尔牛等品种的改良牛，为产粮区提供架子牛，以获取较佳经济效益。而在酿酒业与淀粉业发达的地区，充分利用酒糟、粉渣等农副产品，购进架子牛进行专业育肥，能大幅度降低生产成本，取得较好的经济收益。

（2）牧区。牧区饲草资源丰富，养殖业发达，肉牛产业应以饲养西门塔尔牛、安格斯牛、海福特牛等引进品种的改良牛为主，主要为农区及城市郊区提供架子牛。山区也具有充足的饲草资源，但肉牛育肥相对困难，也可以借鉴牧区的养殖模式，专门培育西门塔尔牛、安格斯牛、海福特牛等改良牛的架子牛。

（3）乳业区。乳业发达的地区，以生产白肉最为有利，因为有大量乳公犊可以利用，并且通过利用异常奶、乳品加工副产品等，能大幅度降低生产成本。乳公犊和淘汰乳牛的特点是体型大、增重快，但肉质相对较差。

（二）养殖户问：怎样解决引入品种没有当地品种好的养殖问题？

专家回答：养殖肉牛前，要进行肉牛品种的选择，肉牛的选择要遵循以下原则。

（1）自然生态环境相似。主要考虑气温、降水量和空气湿度、海拔高度、地形及土壤等。如果两地环境一致或相似性高，就意味着有了养好这个肉牛品种的基础。

（2）经过风土驯化已经能很好地适应当地自然条件的品种。有些从国外引进的肉牛品种，虽说原产地的环境与我国的自然生态环境相差较大，但经过我国一段时间的风土驯化，再加上精心饲养管理，已经能很好地适应我国某些地方的自然生态环境。因此，这些品种是可以选择的。

（3）本地黄牛品种是牛肉生产的基础。我国有些地方牛品种虽说产肉性能很一般，但是它能够很好地适应当地的生态环境，有着很强的适应能力，可以在肉牛杂交组合中当作母本使用，是肉牛生产的基础。

（三）养殖户问：杂交牛比当地牛有哪些优势？

专家回答：根据我场养殖经验，杂交肉牛与当地黄牛相比，具有以下优势。

（1）体型大。我国部分地区的黄牛体型偏小，后躯发育差，不利于长肉。经过杂交改良的后代牛，体躯增长，胸部宽深，后躯较丰满，其体型比当地黄牛增大30%左右。

（2）生长快。经过杂交改良的后代牛，育肥时20月龄的体重可达350～400 kg，比当地黄牛可提高40%左右。

（3）出肉率好。经过杂交改良的育肥牛，其屠宰率可达55%以上，比当地黄牛能多产肉10%～15%。

（4）经济效益好。杂种牛生长快，饲料报酬高，其成年牛体重大，肉质好，经济效益高出20%～40%。

（四）养殖户问：看你的合作社每次买的牛都很好，你是如何选牛的？

合作社负责人：到集市买肉牛时，首先应选购嘴大、鼻孔大、眼有神、体型较长、腿粗、尾巴有力的牛，这样的牛吃得好，健康无病。另外，还要结合毛皮和臀部，要求皮肤有弹性，臀部毛皮多而软，一抓一大把，这样的牛长肉多，育肥快，经济效益高。

工作任务二

配制良料

一、营养需要

肉牛营养需要是肉牛饲料配方设计的重要依据之一，是合理利用饲料、提高生产性能、增加经济效益和实现科学化饲养的基础。肉牛的营养需要是指肉牛对能量、蛋白质或氨基酸、维生素、矿物质和水分等营养成分的需要量。这些营养成分的需要量由于受遗传、生理状况、饲养管理及环境因素的影响，在配方中应以最适宜的数量和相互间最佳比例供给，从而获得最快生长速度和最佳的饲料转化率。目前，较权威和适用的饲养标准主要有美国 NRC（2016）肉牛营养需要量、中国肉牛饲养标准（2004）、英国 ARC 肉牛饲养标准和法国 INRA 肉牛饲养标准。随着 IT 技术的普及，使用计算机模型动态计算肉牛的营养需要量已越来越普遍。计算机模型能够考虑到动物不同生理阶段的营养需要量，还能将不同饲料原料对营养物质吸收的差异和对动物生产性能造成的潜在影响均考虑在内。采用计算机模型对营养需要量进行估计能使决策能力显著提高。使用计算机模型预测动物的营养需要，还可将饲料浪费减少到最小，增加养分使用效率，发挥动物的最大生产性能，降低营养素流失。在动物生产过程中产生的氮、硫、铜和其他物质，对周边环境中的水和土壤会产生潜在危害，使用预测模型后可准确预测动物的营养需要及配制合理的日粮，减少这些物质的排放。

1. 干物质采食量

影响干物质采食量的因素非常复杂，精确预测干物质采食量对预测肉牛体增重非常重要。目前，已确定日粮质量浓度和干物质之间的关系：消化率和能量低的日粮由物理因素调节，如瘤胃是否充满及食糜的流通性；消化率和能量高的日粮通过动物的能量需求和新陈代谢因素来调节。

准确地判断家畜的饲料干物质采食量，一方面有助于准确了解家畜饲料养分的摄入量，另一方面在饲养实践中对精确配合家畜所需养分的日粮养分质量浓度具有极其重要的意义，而家畜的饲料采食量受诸如动物种类、品种、性别、采食行为、饲料养分及饲料加工特性、生产阶段、环境等多种综合复杂因素的影响。

根据国内生长肥育牛的饲养试验总结资料，给饲日粮能量浓度在 8.37～10.46 MJ/kg（干物质）的生长肥育牛干物质采食量的参考计算公式为：

$$\mathrm{DMI} = 0.062 \times \mathrm{LBW}^{0.75} + (1.5296 + 0.0037 \times \mathrm{LBW}) \times \mathrm{ADG}$$

式中：DMI——干物质采食量，单位 kg/d；

LBW——肉牛活重，单位 kg；

ADG——平均日增重，单位 kg/d。

2. 能量需要

能量是肉牛日粮第一限制性养分，不同的肉牛饲养体系在计算能量需要量时所采用的方法存在区别。一般来说，根据肉牛不同生理阶段计算其能量需要，生长育成牛的能量需要包括：维持净能和增重净能两部分。净能（NE）即进食饲料能量在体内的沉积量。

由于肉牛的体型和品种方面存在着较大的差异，尤其是生长和育肥牛对饲料养分供给的效应预测的有效性在过去曾经引起相当大的争议。肉牛根据其达到体成熟后的体重及体脂肪含量的不同，被分为大［通常指标准参考体重（SRW）在 478 kg、体脂肪含量在 28%的后备母牛和种公牛］、中（通常指标准参考体重在 462 kg、体脂肪含量在 27%的育肥牛）、小（通常指标准参考体重在 435 kg、体脂肪含量在 25%的育肥牛）3 类体型。

能量的作用是保证肉牛的新陈代谢，维持牛的日常生命活动。日粮中能量不足，就会导致肉牛减重，由体组织贮存的营养物质分解，释放能量来维持肉牛的生命活动。因此，在肉牛育肥过程中，一定要保证供给足够的能量。牛由于有瘤胃微生物的作用，可利用相当数量的粗饲料作为能量来源。

3. 蛋白质和氨基酸

蛋白质是一切生物体细胞的基本成分。肉牛摄入的蛋白质先是补充机体组织的损耗，如毛发、角、蹄的生长，酶和激素的合成等，其次才是用于增重。由于一般的青干草和秸秆类含蛋白质较少，在肉牛育肥阶段需补充蛋白质饲料或非蛋白氮。

反刍动物与单胃动物一样，机体代谢所需要的氨基酸都是可代谢蛋白质在小肠中消化为氨基酸和少量寡肽后经小肠壁吸收的。据估算进入到反刍动物小肠的氨基酸 60%～85%来源于瘤胃微生物氨基酸，小肠可吸收来源于饲料中 15%～40%的瘤胃非降解蛋白质。在大多数情况下，蛋氨酸或赖氨酸为日粮第一或第二限制性氨基酸，且受日粮种类、组成等因素影响差别很大。

4. 矿物质

矿物质占家畜体重的 3%～4%，是机体组织和细胞不可缺少的成分。除参与骨骼形成外，矿物质还有维持体液酸碱平衡，调节渗透压，参与酶、激素和某些维生素的合成等作用。

如同其他的反刍家畜一样，尽管肉牛体内已经含有许多矿物元素，但仍然需要从日粮中补充15种矿物质元素，其中包括7种常量元素（钠、氯、钾、钙、磷、硫和镁）和8种微量元素（铜、铁、锌、锰、钴、钼、碘和硒）。

（1）钙元素。钙元素是动物体内含量最丰富的矿物质元素，动物体总钙量中大约有98％是骨骼和牙齿的构成成分，另外2％的钙分布在细胞外液和软组织中。动物所需要的钙随着年龄的增长而减少，对于同一年龄则随动物生长速度的加快而增加。

粗饲料通常都是钙的丰富来源，豆科作物的钙含量比禾本科作物高，谷类籽实的钙含量低。因此，给谷物日粮需要补钙，钙的补充原料包括碳酸钙、石粉、磷酸氢钙、磷酸二氢钙和硫酸钙等。

（2）磷元素。动物体中大约有80％的磷元素存在于骨骼和牙齿中，其他的磷元素分布在软组织中。磷还在酸碱平衡和渗透压平衡的维持中起作用，瘤胃微生物的生长和细胞代谢也需要磷的参与。磷常与钙一起在骨骼的形成中共同起作用。在过去过分强调了钙磷比对反刍动物生产性能的影响，但研究证明只要磷的进食量足够，日粮的钙磷比在（1∶1）～（7∶1）之间变化时，牛的生产性能不受影响。

犊牛易发生磷缺乏症。谷类籽实和油料籽实饼粕中的磷含量较高。反刍动物对植酸磷利用与无机磷相似。

（3）钠、钾、氯等元素。在细胞外液中，钠和氯分别是主要的阳离子和阴离子，钾是细胞内液中主要的阳离子。钠、钾和氯都参与了维持渗透压、调节酸碱和水盐平衡的生理活动。未泌乳的肉牛对钠的需要量不超过0.06％～0.08％，而泌乳的肉用母牛需要大约0.10％的钠。反刍动物对钠有嗜好，如果让它们自由采食，它们食入的食盐将超过其需要量。氯的需要量还没有准确地确定，不过在实际条件下氯缺乏的可能性较小。圈养肥育牛大约需要0.6%的钾，由于生长牛在放牧条件下增重速度较慢，放牧牛的钾需要量可能要比圈养肥育牛略低一些，放牧条件下生长牛的钾需要量为0.3%～0.4%。

谷类籽实和油料籽实的饼粕通常无法为肉牛提供充足的钠，粗饲料的钠含量变化很大，钠的补充料包括氯化钠和碳酸氢钠，两种形式的钠的利用率都很高。精饲料是良好的钾源，钾含量通常为1%～4%，随着粗饲料的成熟，其中钾含量逐渐降低，在冬季草场的牧草和保存苇状羊茅中钾含量较低。谷类籽实通常缺钾（<0.5%），高精料的日粮可能需要补钾。油料籽实的饼粕是优良的钾源，钾的补充料包括氯化钾、碳酸氢钾、硫酸钾和碳酸钾，各种形式的钾都易于利用。

（4）铜元素。铜元素是许多酶的重要组分。肉牛对铜的需要量随日粮中钼和硫含量的不同而不同，范围为4～15 mg/kg。肉牛日粮中铜的推荐含量为10 mg/kg，其前提是日粮中硫的含量不超过0.25%，钼的含量不超过2 mg/kg，因为钼和硫可以使肉牛铜的需要量增加许多。铜含量低于10 mg/kg的日粮可能能够满足圈养肥育牛对铜的需要，因为精料日粮中铜的利用率比粗料日粮中铜的利用率高。

反刍动物血浆铜浓度正常范围为9～15 mmol/L。反刍动物对日粮铜浓度的敏感程度要明显高于其他动物。

铜缺乏症症状主要包括：贫血，生长速度慢，被毛褪色、毛色异常，心脏病变，骨骼易碎、易折，腹泻，繁殖机能障碍、发情期延迟或不发情，其中被毛褪色或色素沉着减少是缺铜的最早期临床症状。铜通常以硫酸铜、碳酸铜或氧化铜的形式补充到日粮中，其中硫酸铜生物学效价与碳酸铜类似，二者均比氧化铜的利用率高，有机蛋白铜的利用率比硫酸铜高，而赖氨酸铜生物学效价高于硫酸铜。为防止缺铜，每隔 3～6 个月可给牛注射甘氨酸铜或 EDTA 铜等可注射形式的铜。尽管饲料级氧化铜的利用率比较低，但仍被用作牛的铜源，氧化铜停留在胃肠道内经历数月缓慢地释放。

（5）铁元素。铁元素是许多与氧气输送和利用有关的蛋白质的必需组分，肉牛对铁的需要量大约为 50 mg/kg 日粮。

正常情况下谷类籽实的铁含量为 30～60 mg/kg；油料籽实饼粕的铁含量为 100～200 mg/kg。粗饲料的铁含量变化很大，但大部分粗饲料都含铁 70～500 mg/kg。水和土壤中的铁也是肉牛铁的重要来源，在饮用水或粗饲料的铁含量较低的地区，日粮铁含量可能需要提高，以免出现缺铁的现象。铁通常都是以硫酸铁、碳酸铁或氧化铁的形式添加到日粮中，其中硫酸（亚）铁的利用率最高，碳酸铁次之，氧化铁基本上难以利用。

（6）锌元素。锌元素是许多重要酶的必需组分，还是其他一些酶的激活剂。锌对于免疫系统的正常发育和发挥作用十分重要。肉牛的锌需要量推荐值为 30 mg/kg 日粮，在大部分条件下，这一浓度可以满足需要。日粮中严重缺锌会导致牛的生长受阻，饲料采食量和利用效率降低，睾丸生长受阻，腿、颈、头和鼻孔周围的皮肤不完全角化，伤口无法愈合和脱毛症等。牛日粮中锌的浓度低于 10～20 mg/kg（干物质）或血清锌浓度低于 0.4～0.6 mg/kg（干物质）时会出现锌的缺乏症。锌元素的添加源主要包括氧化锌、硫酸锌、蛋氨酸锌和蛋白锌。

（7）锰元素。锰元素是丙酮酸氢化酶、精氨酸酶和过氧化物歧化酶的组分，同时还是许多酶的激活剂。生长和育肥牛对锰的需要量大约为 20 mg/kg 日粮，给母牛饲喂锰含量为 15.8 mg/kg 的日粮时，所产的犊牛有骨骼异常的情况出现，但给日粮补锰，使锰含量达到 25 mg/kg 后，这一异常现象消失。繁殖牛的建议锰含量为 40 mg/kg 日粮。幼年动物摄入的锰含量不足会造成骨骼发育异常，包括僵直、罗圈腿、关节膨大以及骨骼强度降低等症状。在年龄较大的牛群中，缺锰则会造成繁殖性能降低，主要表现为发情不明显或不规则发情、受胎率低、流产、死产或初生重降低等。锰可以以硫酸锰、氧化锰或各种有机锰（蛋氨酸锰、蛋白锰、多糖复合物锰或氨基酸螯合锰）的形式补充到反刍动物日粮中，硫酸锰的利用率比氧化锰高，与硫酸锰相比，蛋氨酸锰的相对利用率大约为 120%。

（8）钴元素。钴元素是维生素 B_{12}（钴胺素）的组成成分。通常，牛不需要由日粮供给维生素 B_{12}，因为瘤胃微生物能够利用日粮中的钴合成维生素 B_{12}。牛对钴的需要量大约为 0.10 mg/kg（干物质）。快速生长的青年牛一般比年龄更大一些的牛对钴的缺乏更敏感，饲喂高精料的日粮可能会减少瘤胃中维生素 B_{12} 的合成量。钴的饲料级来源包括硫酸钴和氯化钴。

（9）碘元素。碘元素是甲状腺激素甲腺原氨酸（T_4）和三碘甲腺原氨酸（T_3）的必需组分，这两种甲状腺激素主要调控体内能量代谢的速度。肉牛日粮中 0.5 mg/kg 的碘含量基本可以满足需要。

饲料的碘含量由土壤中可利用的碘量决定，碘添加剂通常以碘化钙或乙二胺四乙酸二氢碘化物（EDDI）的形式添加到日粮中，利用率都很高。以碘化钾或碘化钠等形式存在的碘稳定性较低，受湿、热、光照或与其他矿物质元素接触等因素的影响可能会损失相当数量的碘。EDDI 已在育牛实践中广泛应用于防止腐蹄病。用于防止脚腐烂的 EDDI 饲喂量比日粮需要量高得多，目前每头牛每天可饲喂的来自 EDDI 的最大碘元素量为 10 mg。

（10）硒元素。硒元素是谷胱甘肽过氧化物酶的重要成分，参与催化过氧化氢和脂质氢化物的降解，从而保护体组织不被氧化。0.1 mg/kg（干物质）硒可以满足肉牛对硒的需要。维生素 E 和硒的功能密切相关，日粮的维生素 E 含量低可能会使硒的需要量增加，以防止肌肉营养障碍（白肌病）等异常情况的发生。在幼年反刍动物中，白肌病是最普遍的硒缺乏症，动物发生白肌病时，骨骼肌和心肌坏死。给每千克肉牛精料补充饲料中添加 0.3 mg 硒或每头牛每天补饲 3 mg 硒比较合理。硒通常以亚硒酸钠的形式补充到动物日粮中，不过在饲料原料中硒蛋氨酸和含硒酵母供给的硒利用率是亚硒酸钠中硒利用率的两倍。反刍动物对硒的吸收率比非反刍动物低得多。估计与亚硒酸钠在瘤胃中降解为不溶解形式有关。

5. 维生素

维生素是维持畜禽正常生理机能所必需的低分子有机化合物。日粮中维生素缺乏可导致生长迟缓。随着肉牛集约化、专业化程度的不断提高，充分满足动物对维生素需要量日渐重要，尤其在舍饲条件下，肉牛对维生素缺乏更为敏感，随着生产水平的提高，维生素的代谢需要量不断增加。

（1）维生素 A。维生素 A 的功能主要是在视色素的发生基因指导下生成视黄醛或作为对弱光敏感的视紫红质的组成成分。此外，维生素 A 也是正常生长和繁殖、上皮组织维护和骨骼发育所必需的。肉牛在采食高精料日粮、在干旱环境中生长的发白的牧草或干草、在阳光和空气以及高温中暴露过久的饲料、与氧化物混合的饲料和贮存时间过长的饲料时易发生维生素 A 缺乏，出现夜盲症及一些繁殖疾病（受胎率低、流产、死胎）等。肉牛对维生素 A 的需要量为：圈养肥育肉牛 2 200 IU/kg（干物质）；妊娠青年母牛和成年母牛 2 800 IU/kg（干物质）；泌乳母牛和繁殖公牛 3 900 IU/kg（干物质）。IU 国际单位维生素相当于 0.300 μg 反式维生素 A 乙醇（视黄醇）或 0.550 μg 棕榈酸视黄脂。

（2）维生素 D。维生素 D 是一组密切相关的抗佝偻病化合物的总称，主要以麦角钙化醇（维生素 D_2）和胆钙化醇（维生素 D_3）形式存在，是动物钙、磷吸收，骨骼正常矿物质化和骨钙动员所必需的微量养分。犊牛维生素 D 缺乏后会由于骨骼沉积和利用钙磷的功能发生障碍而易引起佝偻病。成年动物缺乏维生素 D 时易出现骨骼软化、母牛产后瘫痪、死胎或胎儿畸形等。维生素 D 缺乏的一般临床症状包括食欲降低，生长速度减慢，消化紊乱，呼吸困难和虚弱等。肉牛的维生素 D 需要量为 275 IU/kg（干物质）日粮。IU 的定义为 0.025 μg 胆钙化醇或其等价物。麦角钙化醇（维生素 D_2）对牛也具有活性。水生动物肝脏中贮存着大量的维生素 D，而包括反刍动物在内的陆生哺乳动物体内没有维生素 D 贮存，但是，肉牛受阳光照射可以合成维生素 D，采食经阳光辐射的粗饲料也可获得维生素 D，因此，户外饲养的肉牛极少需要补充维生素 D。

（3）维生素 E。维生素 E 在天然饲料原料中主要以 α-生育酚形式存在，常用于动物日粮中的乙酸生育酚是人工合成的，其与乙酸相连的醇基可防止生育酚在日粮中被破坏。

维生素 E 与硒协同在细胞膜中发挥抗氧化作用，已被广泛用于保护和便于维生素 A 的贮存和摄入，维生素 E 还在维持骨骼肌、心肌、平滑肌和外周血管体系的结构和功能完整方面发挥作用。肉牛对维生素 E 适宜需要量：幼年犊牛为 15～60 IU/kg（干物质），对于青年母牛在产前 1 个月日粮添加维生素 E 协同硒制剂注射有助于减少繁殖疾病（难产、胎衣不下等）的发生，经产犊 4 胎的母牛的生长、繁殖和泌乳不受低维生素 E 的影响，对生长肥育阉牛最适维生素 E 需要量为每日在日粮中添加 50～100 IU 的维生素 E。

（4）烟酸。烟酸在碳水化合物、蛋白质和脂肪代谢中发挥重要作用。对反刍动物而言，烟酸尤其重要，因为在肝脏将门静脉血氨转化为尿素的解毒过程和肝脏中酮的代谢过程都需要烟酸的参与。烟酸来源主要有三个：日粮中烟酸、由色氨酸转化为烟酸和瘤胃合成烟酸。正常情况下瘤胃可以合成足够的烟酸，但仍然有一些因素可以影响反刍动物的烟酸需要量，如蛋白质（氨基酸）平衡、日粮能量供给量、日粮酸败程度和饲料中烟酸的利用率。幼年反刍动物对烟酸缺乏特别敏感，在瘤胃发育完全以前，必须从日粮中获取烟酸或色氨酸。在许多种动物中，烟酸缺乏的第一表现为食欲丧失，生长减慢，肌肉虚弱，消化紊乱和腹泻，皮肤也会受到影响，出现鳞状皮炎，随后会发生小红细胞性贫血。

6. 水

水是动物机体的重要组成部分。肉牛的需水量，受增重速度、活动情况、日粮类型、进食量和外部环境等多方面影响。一般250～450 kg的育肥牛在环境温度10 ℃时的饮水量为25～35 kg。缺水或饮水不足危害极大，体内水分减少8%时出现严重干渴，食欲丧失，消化速度减慢；减少10%时会导致严重的代谢紊乱；减少20%时会导致死亡。肉牛可以从以下三方面获得水：一是碳水化合物、脂肪与蛋白质分解产生的代谢水；二是饲料本身含的水；三是饮水。其中饮水占进水量的绝大部分。

二、饲料原料的特点

1. 粗饲料

粗饲料一般为粗纤维含量较高的秸秆和干草等。干草饲料是指以细茎的牧草、野草或其他植物为原料，在结籽前刈割其地上部分，经自然晒制或人工烘烤蒸发其中大部分水分，干燥到能长期贮存程度的饲料，要求储存水分14%～17%。秸秆饲料是指将各种作物在收获籽实后的秸秆用作饲料，包括茎秆与叶片两部分。叶片含营养成分较高，其叶片损失越少，相对营养价值也越高。常用的粗饲料主要有玉米秸秆、小麦秸秆、谷草、稻草、大豆秸秆、豌豆蔓、麦麸等。在缺乏青绿饲料条件下，干草是肉牛的粗饲料来源，含较多的可消化粗纤维。小麦秸秆、玉米秸秆等含较多的木质素，而且消化率很低，但在缺乏优质粗饲料来源的条件下，秸秆是维持牛正常生命活动的必需物质。麦麸含粗纤维6%～9%，以硫胺素、烟酸和胆碱的含量最为丰富。麦麸质地松软，适口性好，有轻泻作用。用麦麸饲喂肉牛，用量不能过多，更不能长时间单一饲喂，否则容易造成肉牛缺钙。常见干草种类见图2-1。

苜蓿干草　稻草

麦草　棉籽

图2-1　常见干草种类

2. 精饲料

精饲料（图2-2）通常由籽实类加工副产品和动物性饲料组成，又分能量饲料和蛋白质补充料。能量饲料大多是籽实类，蛋白质补充料大多为饼粕类。

籽实类如玉米、小麦、大麦和燕麦等能量饲料，以淀粉为主，含量0～80%，可提供动物所需的能量，而粗纤维和粗蛋白质都比较低。

加工副产品如麸皮，作为小麦加工的副产品，蛋白质含量较高，粗纤维含量高，质地疏松，含镁较多，具有轻泻性，适口性较好，是廉价的饲料来源。

饼粕类如豆饼（粕）、花生饼（粕）和棉籽饼（粕）等榨油业的副产品，蛋白质含量高，容易消化，氨基酸组成平衡。饼粕类不仅是优良的蛋白质来源，而且还是补充能量和许多必需矿物质的良好来源。玉米蛋白粉又称玉米黄粉，是玉米淀粉加工业的副产品，含较高的过瘤胃蛋白质，可增加母牛产后体重，提高繁殖率，对于母牛可能更重要的是作为代谢和激素活性的催化剂来满足产奶和增重的主要蛋白质来源。

图 2-2 精饲料

3. 青绿饲料

青绿饲料是肉牛不可缺少的优质饲料，主要提供足够的维生素。其无氮浸出物含量高，容易消化，适口性好，可刺激肉牛食欲。青绿饲料蛋白质含量高、易消化，含粗纤维较少，是肉牛的优良饲料来源。在肉牛生长期可单一使用优良青绿饲料饲喂（或放牧），在育肥后期则一定要补充谷物、饼粕等能量饲料和蛋白质饲料。青绿饲料的营养价值是随着不同的生长阶段而变化的。青绿饲料早期粗纤维含量少、蛋白质含量高，而老化的青绿饲料却正相反，所以，要适时利用好青绿饲料。青草茎叶的营养含量上部优于下部，叶优于茎，收贮时要注意尽量减少叶部损失。蔬菜叶类大多含硝酸盐，如白菜叶、萝卜叶等，若将其作为饲料不能及时使用，导致堆放时间过长，腐败菌就能将叶中所含的硝酸盐还原为亚硝酸盐，肉牛食用后即会中毒。因此，用于饲喂肉牛的蔬菜叶类饲料，宜新鲜生喂，禁喂发热腐败的蔬菜叶。高粱苗、玉米苗、亚麻叶含有氰苷，肉牛食入后在瘤胃中会生成氢氰酸，易发生中毒现象，因此，应晒干或调制成青贮饲料再行饲喂。常见青绿饲料见图 2-3。

紫花苜蓿　苇状羊茅
白三叶　高丹草

图 2-3　常见青绿饲料

有些豆科牧草，如苜蓿，适口性较好，特别是幼嫩阶段，但其中含有皂素，在瘤胃中会产生大量泡沫，易使牛发生瘤胃臌胀。为预防起见，不要在露水未干前的草地放牧，最好先给肉牛饲喂一些干草或秸秆再去放牧或饲喂青苜蓿。有些青绿饲料营养价值较高，但适口性较差，如沙打旺，有苦味，此时最好将其与青草或秸秆混合青贮，或与其他嫩草混合饲喂。树叶嫩枝也可喂牛，可用作饲料的树种有刺槐、杨树、构树、榆树、桐树等。树叶中大多数都含有单宁物质，但含量低于2%，有收敛健胃的作用，如果超量饲喂会引起肉牛消化不良或降低蛋白质的消化率，如果采食过多会引发疾病甚至中毒，因此，饲喂时应与其他饲料搭配。牧草适时收割后，在田间经短期晾晒（图2-4），当含水量降到15%～20%时打捆（图2-5）。

图 2-4　牧草收割晾晒

图 2-5　牧草打捆

4. 新饲料资源

如何开发新的饲料资源，以降低肉牛养殖的饲养成本，始终是肉牛营养与饲料研究的重点。大量的学者开展了很多研究，如构树发酵饲料、微贮玉米秸秆、全株青贮玉米、棉花秸秆、含可溶固形物玉米酒糟（DDGS）、葵花粕、酒糟生物饲料和淀粉渣等农产品加工副产物，用于肉牛日粮中具有良好的育肥效果和经济效益。

5. 肉牛饲料添加剂

使用饲料添加剂可以有效提高饲料的利用率，提高肉牛增重速度，因此，新饲料添加剂的研制和应用也一直是肉牛营养研究的重点。研究证实，日粮中添加苹果酸等可改善瘤胃发酵。对于添加低聚木糖、半胱胺、糖萜素、丙酸钙、乙酸钠、柠檬酸、不同类型尿素和有机硒等对饲料利用效率、肉牛瘤胃发酵、生产性能以及肉质的改善都有影响。日粮中补饲不同来源或不同水平的铜、锌、硒、铬和镁等元素，对肉牛消化代谢和生产性能等的影响也得到了进一步研究。添加特定微生态饲料添加剂对肉牛生长性能、饲料消化率或血清生化指标有明显影响。日粮中添加天然植物提取物或中草药添加剂可显著改善肉牛的营养代谢，提高育肥牛的日增重，可改善肉牛的营养物质消化和增重。在育肥肉牛日粮中添加海藻提取物可提高日粮蛋白质消化率。

6. 饲料选购原则

（1）选择正规厂家和符合行业标准的饲料。

（2）原料的选购等级可参照国家饲料原料分级标准。无论是单一饲料还是混合饲料，感官上可从饲料的色泽、气味、饱满度、物理状态、破碎粒度、杂质含量、流动性、均匀性、吸湿、结块和容重等方面进行评定。

（3）采购时查看生产日期和保质期的同时要考虑储存时间。不采购营养指标和卫生指标不合格的饲料。

（4）选购符合牛场需求、性价比高的饲料。

（5）考虑原料采购的资金积压、资金使用效率及运输成本，合理选购饲料的品种和数量。

三、青贮饲料

青贮饲料是易被好氧微生物损坏的青草或其他水分含量高的原料贮存于厌氧条件下调制成的饲料。

（一）青贮发酵过程中的生物化学变化

1. 青贮发酵过程

青贮发酵过程一般分为 4 个阶段。各阶段并没有明显的界线，并且各阶段的发酵时间和微生物发酵过程不同。

（1）好氧阶段。一旦新鲜的青贮原料被切碎装窖密封，这一阶段立即开始。由于刚收割下来的青绿植株中的细胞并未立即死亡，植株中的细胞仍进行有氧呼吸作用和酶解过程，氧气的残留使得好氧菌以及兼性厌氧菌的数量急剧增加（霉菌、酵母以及肠道细菌中的一些种属）。随着呼吸作用的继续进行，氧气被逐渐消耗，主导细菌也由好氧菌变为兼性厌氧菌。此过程一般不超过 12 h，时间的长短取决于氧气的残留量。

（2）发酵阶段。此阶段开始于青贮料中氧气耗尽，并且要持续数天或几周，这取决于适宜的饲草及发酵条件。如果发酵过程成功，乳酸菌大量增加并占据支配地位，乳酸菌利用水溶性碳水化合物（WSC）发酵产生乳酸及其他酸类，pH 会逐渐降到 3.8～5.0。

（3）稳定阶段。由于要求空气不能进入青贮窖或其他青贮容器，此阶段发酵概率较小。大部分微生物在第二阶段大幅度减少；部分耐酸微生物依然存活但几乎不活动；还有像梭菌属及杆菌属以孢子形式存活，只有一些耐酸性的蛋白质酶、碳水化合物酶和乳酸杆菌继续以低水平活动。

（4）饲喂阶段或好氧腐败阶段。此阶段开始于青贮料暴露于空气中，在饲喂阶段这是不可避免的，但是它会因为掩盖物的破坏（如因老鼠或禽类）而提前。腐败过程可以分为两个阶段。首先是腐败的开始，由酵母菌和醋酸菌等作用使有机酸降解而引起。这会导致 pH 上升，并且伴随着温度的升高以及芽孢杆菌的破坏作用，第二阶段也就开始了。第二阶段也包括其他微生物的作用，像霉菌及大肠菌群。好氧腐败发生在青贮料几乎完全暴露在空气中的时候，损害的程度高度依赖于青贮料中腐败菌的数量及活性，在污染区域每天可能会有1.5%～4.5%干物质损失掉。

2. 青贮过程中化学变化

青贮过程中，由于各种微生物和植物本身酶体系的作用，青贮料发生一系列化学变化。糖分与粗蛋白质是青贮过程中两种十分重要并且显著变化的营养物质，糖分转化为有机酸，粗蛋白质降解为氨基酸，进而产生有机酸和NH_3，同时，青贮料的颜色、气味、手感等物理性状也发生改变。

原料的营养成分含量是影响青贮品质的重要因素。糖是乳酸菌发酵的物质基础，原料含糖量的多少直接影响到青贮效果的好坏。一般而言，作物秸秆的干物质含糖量超过6%方可制成优质青贮饲料，含糖量过低时（低于2%）则制不成优质青贮饲料，其原因主要是青饲料中的含糖量过低时，梭状芽孢杆菌可能生长繁殖，可通过脱氢、脱羧和氧化还原等方式使蛋白质发生腐败，引起青贮饲料异常发酵，造成变质。在青贮的过程中，只要有氧存在，且pH不发生急剧变化，植物呼吸酶就有活性。当产生的热使青贮料的温度达到30～40 ℃时，青贮料中的水溶性碳水化合物就会被氧化为CO_2和水。如果在填充过程中和填充后青贮料未能充分压实，空气就有可能进入，温度也会继续升高。若未能及时发现，会导致青贮料过热，造成营养成分损失，青贮品质低劣。例如青贮窖边角和上层，会形成不可食用的堆肥样干料，在其形成过程中已有75%以上的干物质损失掉。

青贮原料中含有多种糖分，糖分是青贮过程的重要底物，经过青贮发酵过程，糖分含量和种类变化显著：阿拉伯糖、半乳糖、葡萄糖、木糖、果糖都急剧减少，葡萄糖与果糖逐渐被微生物分解，最后几乎消耗殆尽。正常青贮时，可迅速形成厌氧环境，青贮饲料中水溶性碳水化合物全部转化成乳酸、乙酸、琥珀酸及醇类，其中主要为乳酸，同时放出少量的热。碳水化合物转化成乳酸的过程是非氧化分解过程，不生成 CO_2，所以能量损失很少。己糖生成乳酸时，同质发酵乳酸菌比异质发酵乳酸菌更为有效，因为异质发酵除了产生乳酸外，还产生甲烷、甘露醇和乙酸等。发酵中也有半纤维素的水解作用，生成的戊糖也可发酵生成乳酸。青贮料中乙酸是乙醇通过微生物的作用生成，其形成比乳酸早，当酸度高时呈游离状态，酸度低时与盐基结合成乙酸盐。青贮温度达到 30～40 ℃，pH 在 4.2 以上时适于酪酸菌活动，此时才产生酪酸。低温发酵不形成酪酸。

青贮原料刚刚收获至青贮发酵最初的几个小时，植物细胞进行有氧呼吸，直至氧气耗尽。该阶段在理想的条件下仅为数小时，管理不善时可能会持续数天甚至数周。由于大量的呼吸产热和植物酶对蛋白质的分解，该阶段时间越长对青贮料的破坏作用越大。由于乳酸菌没有蛋白质分解酶，不分解破坏原料中的蛋白质，所以优质青贮饲料中蛋白质损失很少。青贮料中蛋白质的变化与 pH 的高低有密切关系，当 pH 低于 4.2 时，因植物细胞酶的作用，部分蛋白质分解成氨基酸，且状态较稳定，并不造成损失，但当 pH 高于 4.2 时，由于腐败菌的活动，氨基酸便被分解成氨、硫化氢和胺类，使蛋白质品质下降。多数非蛋白质氮以氨基酸的形式存在，但由于植物脱羧酶的作用，有些氨基酸可进一步降解生成胺，特别是谷氨酸和天冬氨酸。乳酸菌分解氨基酸的能力有限，它仅能将丝氨酸和精氨酸分别转化为 3-羟基丁酮和鸟氨酸。然而，在梭菌占主导地位时氨基酸改变很多，主要包括三类反应，即脱氨基作用、脱羧基作用和氧化-还原偶联反应，其结果是生成胺、CO_2、酮酸和脂肪酸。

青贮过程中的其他变化一般包括两个化学过程：美拉德反应和半纤维素酸性条件下的水解。糖与氨基酸发生反应，生成不易降解的高分子化合物。此反应在温度低于 38 ℃时缓慢，对青贮质量影响不大，但是高温会加速这种反应的进行，此时便会明显地降低青贮饲料的消化率。半纤维素在酸性条件下水解与氢离子的作用有关，较低的 pH 和高浓度的氢离子加速水解的速度。但在一般的青贮 pH 下这种水解速度比较缓慢，可以减少约 0.5% 中性洗涤纤维（NDF）。

（二）青贮的分类

根据青贮容器不同，青贮的加工调制方式主要有以下几种。

1. 窖（池）贮式青贮

窖贮式青贮是目前主要的青贮方式。

（1）建窖（池）或整窖。新建牛场如采用窖（池）贮式需建窖（池），应根据牛场用料量设计窖（池）的容积和开口的大小，切忌开口过大。已有窖（池）的牛场，贮藏前需修补整理旧窖，清扫和清理杂物、剩余原料和脏土。土窖应铲除表面脏土，在窖底、四壁铺衬塑料薄膜，必要时需消毒。

（2）收割（图 2-6）。收割时最好选择在晴天，根据不同的贮藏原料选择适宜的时期。如整株玉米青贮应在蜡熟期（图 2-7）收割，玉米秸青贮应在玉米茎叶仅有下部 1～2 片叶枯黄时收割。禾本科牧草在抽穗期、豆科宜在现蕾期至开花初期收割。全株玉米青贮收割时留茬高度要适宜（图 2-8），多控制在

图 2-6　青贮的收割

15～20 cm。留茬过低易混入泥土，造成腐败，且纤维含量过高。留茬过高（图 2-9），会导致秸秆大量浪费。

图 2-7　蜡熟期青贮玉米

图 2-8　适宜的留茬高度

图 2-9　留茬过高

（3）切碎（图 2-10）。根据原料的质地可选择直接切碎或揉切。一般含水量低和中空的秸秆宜选揉切，禾本科和豆科牧草及叶菜类等原料切成 2～3 cm 长，玉米和向日葵等粗茎植物秸秆切成 1～2 cm 长。

（4）装填压实（图 2-11、图 2-12）。根据物料含水率不同，一般宜每装填 30 cm 高度需进行压实、压平，尤其注意靠窖（池）壁部分的压实。

（5）密封（图 2-13）。密封厌氧是青贮成功与否的关键环节，

图 2-10　玉米秸秆切碎长度

原料装填好后宜用塑料布密封严实，然后在塑料布上面压一些重物，注意有无严重的塌陷现象。

图 2-11　青贮装填

（6）开窖、取料（图 2-14）。根据贮藏的物料水分和季节，一般在贮藏 40 d 左右即可利用。根据牛群数量确定取料开口的大小，取料口

图 2-12　压实

应平整，防止二次发酵损失。

2. 地面堆垛青贮

（1）收割和切碎同窖贮式青贮。

（2）堆垛。堆垛地面宜地势高燥、土质坚硬、有 1%左右的高

图 2-13　密封

图 2-14　开窖、取料

差。在地面铺上塑料布，将切好的原料堆在塑料布上。每堆 30 cm 必须压实、压平。

（3）密封。用塑料布裹严实，然后在塑料布上压一些重物。

3. 捆裹式青贮（图 2-15）

（1）收割。同窖贮式青贮。

（2）晾晒。割好后，把草铺在地上，控制含水量在 65%左右。

（3）压捆。用牧草专用打捆机将草料压制成大小形状一致、密度适中的草捆，便于堆码贮藏和运输。

（4）捆裹。用裹包机将草块用专用青贮膜裹包，裹包层数依贮

图 2-15　捆裹式青贮

存时间的长短而定。

（5）堆放。堆放整齐，堆放过程中注意有无青贮膜破损。

4. 塑料袋青贮

塑料袋青贮适于原料收获批量不大，但能陆续供应的情况下使用。

（1）塑料袋选用宽 80～100 cm、厚 0.8～1 mm 的聚乙烯无毒塑料薄膜，根据需要大小制成。

（2）切碎。同窖贮式青贮。

（3）装袋。将切碎的原料均匀地装入塑料袋，边装边用人力压结实。不宜装太多，否则易损坏袋子。

（4）封口。用塑料绳等把袋口扎紧。

（三）青贮饲料的质量评定

在青贮饲料调制完成后，只要方法正确，经过 5～6 周，就能制成青贮饲料。青贮饲料品质的优劣与青贮原料种类、收割时期以及青贮技术等密切相关。饲用之前，或在使用之中，应当评定其营养价值和发酵质量。青贮饲料质量评定一般包括感官评定和化学评定两部分，前者主要用于生产现场，后者需要在实验室内进行。通过品质鉴定，可以检查青贮技术是否正确，判断青贮饲料营养价值的高低。

1. 青贮饲料样品的采集

因青贮窖结构的不同、青贮制作过程中操作上的差异，青贮料在不同部位的质量存在一定的差别，为了准确评定青贮饲料的质量，所采集的样品必须要有代表性。从窖的垂直切面取样，首先清除封盖物，并除去上层发霉的青贮饲料；再自上而下从不同层次中分点均匀取样。采样后应马上把青贮料填好，并密封，以免空气混入导致青贮饲料腐败。采集的样品可立即进行质量评定，也可以置于塑料封口袋中密闭，4 ℃冰箱保存、待测。如果需要检测微生物，则采样器具和封口袋得做灭菌处理。

2. 评定标准

德国青贮饲料质量评定指标有丁酸的含量、氨态氮含量、pH、乙酸和丙酸含量之和，饲喂效果主要测定消化率。日本青贮饲料质量评定指标包括：感官评定，色、香、味、触感；化学方法评定，pH、乳酸的含量、酪酸的含量、氨态氮的含量、挥发性脂肪酸占总酸的比例，各种酸的比例（乳酸、乙酸、酪酸）；微生物评定，各种菌的含量；家畜评定，采食量、消化率、产乳率、产肉转化率。我国青贮饲料质量评定标准是1996年农业部下发的《青贮饲料质量评定标准》，该标准分现场评定和实验室评定两大部分。

3. 感官评定

开启青贮容器时，根据青贮料的颜色、气味、口味、质地、结构等指标，通过感官评定其品质好坏。这种方法简便易行，不需要仪器设备，在生产实践中普遍被采用。

优质青贮饲料（图2-16）非常接近作物原先的颜色。若青贮前作物为绿色，青贮后仍以绿色或黄绿色为最佳。青贮器内原料发酵的温度是影响青贮饲料色泽的主要因素，温度越低，青贮饲料就越接近于原先的颜色。对于禾本科牧草，温度高于 30 ℃，颜色变成深黄；当温度为 45～60 ℃，颜色近于棕色；超过 60 ℃，由于糖分焦化近乎黑色。一般来说，品质优良的青贮饲料颜色呈黄绿色或青绿色，中等的为黄褐色或暗绿色，劣等的为褐色或黑色。

图 2-16　优质青贮饲料

品质优良的青贮饲料具有轻微的酸味和水果香味。若有刺鼻的酸味，则醋酸较多，品质较次。腐烂腐败并有臭味的则为劣等，不宜饲喂家畜。标准中感官评定为优、良好、一般、劣四等。

植物的茎叶等结构应当能清晰辨认，结构破坏及呈黏滑状态是青贮腐败的标志，黏度越大，表示腐败程度越高。优良的青贮饲料，在窖内压得非常紧实，但拿起时松散柔软，略湿润，不黏手，茎叶花保持原状，容易分离。中等青贮饲料茎叶部分保持原状，柔软，水分稍多。劣等的结成一团，腐烂发黏，分不清原有结构。

4. 实验室鉴定

实验室鉴定就是化学分析测定。主要是测定青贮饲料发酵过程中水分含量、pH（图 2-17）、乳酸菌、酵母菌和霉菌数量，粗蛋白质、粗脂肪、粗灰分含量，中性洗涤纤维、酸性洗涤纤维以及可溶性碳水化合物含量，乳酸、乙酸、丙酸、丁酸含量。

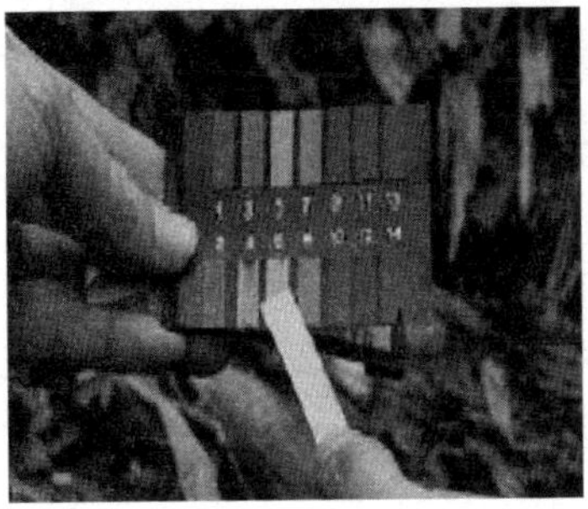

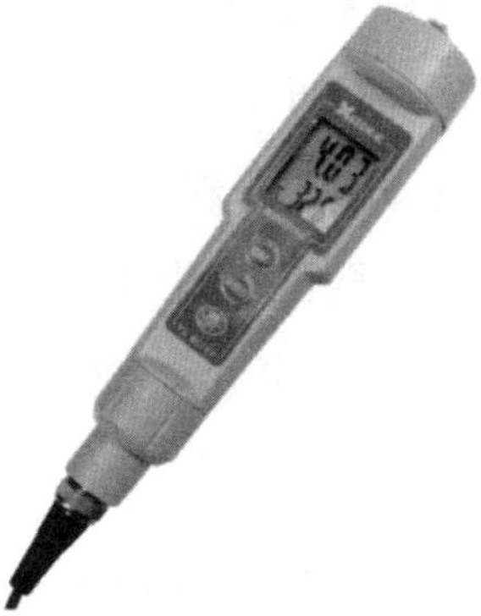

图 2-17　青贮饲料的 pH 测定

pH 是衡量青贮饲料品质好坏的重要指标之一。实验室测定 pH，可用精密雷磁酸度计，生产现场可用精密石蕊试纸测定。优良青贮饲料 pH 在 4.0 以下，良好青贮饲料 pH 在 4.1～4.3，一般青贮饲料 pH 在 4.4～5.0，劣质青贮饲料 pH 在 5.0 以上。一般 pH 超过 4.4（低水分青贮除外）说明青贮发酵过程中腐败菌、酪酸菌等活动较为强烈。测定时，将青贮饲料样品用 3 层医用纱布包裹后用力榨取，得粗提液，再经定量滤纸过滤后得滤液，然后用酸度计测定。

氨态氮与总氮的比值能反映青贮饲料中蛋白质及氨基酸分解的程度，比值越大，说明蛋白质分解越多，青贮质量不佳。有机酸总量及其构成可以反映青贮发酵过程的好坏，其中最重要的是乳酸、乙酸和丁酸，乳酸所占比例越大越好。优良的青贮饲料，含有较多的乳酸和少量乙酸，而不含丁酸。品质差的青贮饲料，含丁酸多而乳酸少。

5. 综合评定

根据酸度、气味、颜色、水分 4 项指标对青贮饲料品质进行综合评定，如果青贮饲料 pH 在 3.6～4.0 之间、酸香味浓、颜色呈原料颜色，则鉴定结果是优等青贮饲料，饲喂各类牲畜效果最佳；如果青贮饲料 pH 在 4.1～4.3、酸味浓香味淡、颜色略变，则鉴定结果是良好青贮饲料，适合饲喂各类牲畜；如果青贮饲料 pH 在 4.4～5.0、弱酸臭味或氨味、黄褐色或者墨绿色，该青贮饲料品质一般，可饲喂除妊娠家畜和幼畜以外的各种家畜；如果青贮饲料 pH 在 5.0 以上、具有浓丁酸味或发臭、暗褐色发黑，则属劣等青贮饲料，不能饲喂任何家畜，洗涤后也不能使用。

6. 青贮饲料的开窖取用与饲喂

（1）开窖取用。一般青贮在制作 45 d 后（温度适宜时 30 d）即可开始取用，长方形窖应从一端开始取料，从上到下，直到窖底。应坚持每天取料，每次取料层应在 15 cm 以上。切勿全面打开，防止曝晒、雨淋、结冰，严禁掏洞取料。每天取后及时覆盖草帘或席片，防止二次发酵。如果青贮制作符合要求，只要不启封窖，青贮饲料可保存多年不变质。

（2）喂法与喂量。育肥肉牛，日喂量每 100 kg 体重 4～5 kg。初喂牛时肉牛不适应，应少喂，经短期训练即可习惯采食。冰冻的青贮饲料待融化后再饲喂。每天用多少取多少，不能一次大量取用、连喂数日，防止青贮饲料霉烂变质。发霉变质后的青贮饲料不能饲喂肉牛。

（3）防止青贮饲料二次发酵。青贮饲料开窖启用后，由于管理不当引起霉变而出现温度再次上升的情况称为青贮的二次发酵。这种情况一般是青贮饲料接触空气后好氧性细菌和真菌大量繁殖所致，夏季高温天气和品质优良的青贮饲料容易发生。

四、秸秆饲料的加工调制

1. 粉碎、铡短处理

秸秆经粉碎(图 2-18)、铡短处理后，体积变小，便于家畜采食和咀嚼，增加了与瘤胃微生物的接触面，可提高过瘤胃速度，增加牛的采食量。经粉碎或铡短的秸秆，可增加家畜采食量 20%～30%，可提高日增重 20%左右，尤其在低精饲料饲养条件下，效果更加明显。实践证明，未经铡短的秸秆，家畜只能利用 70%～80%，而经粉碎的秸秆几乎可以全部利用。用于肉牛的秸秆饲料不提倡全部粉碎。粗饲料粉碎过细不利于牛的咀嚼和反刍，同时会增加加工成本。铡短是秸秆处理中常用的一种方法(依据年龄情况以 2～4 cm 为好)。但在牛的日粮中适当混入一些秸秆粉，可以提高采食量。

图 2-18　秸秆粉碎

2. 揉搓处理

揉搓处理比铡短处理秸秆又进了一步。各种杂草秸秆经揉搓成柔软的丝条状饲草（图 2-19），增加适口性，肉牛的吃净率由秸秆全株的 70%提高到 90%以上。目前，揉搓机正在逐步取代铡草机，如果能和秸秆的化学、生物处理相结合，效果会更好。

3. 制粒与压块处理

(1) 制粒。制粒的目的是便于肉牛机械化饲养和自动饲槽的应

干稻草　干麦草

芦苇　柠条

图 2-19　揉搓处理后的饲草

用。由于颗粒饲料（图 2-20）质地硬脆，大小适中，便于咀嚼和改善适口性，从而提高采食量和生产性能，减少秸秆的浪费。秸秆经粉碎后制粒在国外很普遍。自 2014 年，国家发展和改革委员会及农业部提出了秸秆资源肥料化、饲料化、原料化、基料化和燃料化等“五化”利用途径后，颗粒饲料已在肉牛生产中应用二十多年。肉牛的颗粒料以直径 6～8 mm 为宜。

（2）压块（图 2-21）。秸秆压块能最大限度地保存秸秆营养成

图 2-20　秸秆制成的颗粒饲料

分，减少养分流失。秸秆经压块处理后密度提高，体积缩小，便于储存运输，运输成本降低 70%。给饲方便，便于机械化操作。秸秆经高温高压挤压成型后，使秸秆的纤维结构遭到破坏，粗纤维的消化率提高 25%。在制块的同时可以添加复合化学处理剂，如尿素、石灰、膨润土等，可使粗蛋白质消化率提高到 8%～12%，秸秆消化率提高到 60%。

苜蓿颗粒

苜蓿块

图 2-21 苜蓿压块

4. 氨化处理

秸秆中含氮量低，秸秆氨化处理时与氨相遇，其有机物就与氨发生氨解反应，打断木质素与半纤维素的结合，破坏木质素-半纤维素-纤维素的复合结构，使纤维素与半纤维素释放出来，被微生物及酶分解利用。氨是一种弱碱，氨化处理后使木质化纤维膨胀，增大空隙度，提高渗透性。氨化能使秸秆含氮量增加 1～1.5 倍，牛对秸秆的采食量和消化率有较大提高。

（1）材料选择。选择清洁未霉变的小麦秸秆、玉米秸秆和稻草等，一般铡成 2～3 cm 长。市售通用液氨，由氨瓶或氨罐装运。市售工业氨水（含氨量 15%～17%），无毒、无杂质，用密闭的容器（如胶皮口袋、塑料桶、陶瓷罐）等装运。或农用尿素，含氨量 46%，塑料袋密封包装。

（2）氨化处理。氨化方法有多种，其中使用液氨的堆贮法适于大批量生产，使用氨水和尿素的窖贮法适于中、小规模生产，使用尿素的小垛法、缸贮法、袋贮法适合农户少量制作。氨化处理方法见表 2-1。

（3）氨化时间。密封时间应根据气温和感观来确定。根据气温确定氨化天数，并结合查看秸秆颜色变化，当秸秆变为褐黄色即可。环境温度 30 ℃以上需要 7 d；15～30 ℃需要 7～28 d；5～15 ℃需要 28～56 d；5 ℃以下需要 56 d 以上。

（4）开封放氨。一般经 2～5 d 自然通风将氨味全部放掉，呈糊香味时，才能饲喂。如果暂时不喂，可不必开封放氨。

（5）饲喂。开始喂时，应由少到多，少给勤添，先与谷草、青干草等搭配饲喂，1 周后即可全部喂氨化秸秆，并合理搭配精饲料（玉米、麸皮、糟渣、饼类）。

氨化秸秆的好坏，可凭感觉鉴定。好的氨化秸秆，其颜色呈棕色或深黄色，发亮，气味糊香，质地柔软疏松发白。氨化失败的秸秆颜色较暗，甚至发黑、发黏、结块，有腐臭味，开垛后温度继续升高，表明秸秆是霉坏的，不可饲喂。

6. “三化”复合处理

秸秆“三化”复合处理技术，使用尿素、食盐、生石灰对秸秆进行处理，发挥了氨化、碱化和盐化的综合作用，弥补了氨化成本过高、碱化不易久储、盐化效果欠佳等单一处理的缺陷。经实验证明，“三化”处理的小麦秸秆与未处理组相比各类纤维含量都有不同程度的降低，干物质瘤胃降解率提高 22.4%，饲喂肉牛日增重提高 48.8%，饲料与增重比降低 16.3%～30.5%，而“三化”处理成本比普通氨化（尿素 3%～5%）降低 32%～50%，肉牛育肥经济效益提高 1.76 倍。

表 2-1　氨化处理方法

方法	操作
堆贮法	物料及工具：厚透明聚乙烯塑料薄膜 10 m×10 m、6 m×6 m 各一块；秸秆 2 200～2 500 kg；输氨管、铁锹、铁丝、钳子、口罩、风镜、手套等。 堆垛：选择向阳、高燥、平坦、不受人畜危害的地方。先将塑料薄膜铺在地面上，在上面垛秸秆。草垛底面积为 5 m×5 m 为宜，高度接近 2.5 m。 调整原料含水量：秸秆原料含水量要求 20%～40%，一般干秸秆仅 10%～13%，故需边码垛边均匀地洒水，使秸秆含水量达到 30%左右。 放置输氨管：草码到 0.5 m 高处，于垛上面分别平放直径 10 mm、长 4 m 的硬质塑料管 2 根，在塑料管前端 2/3 的部位钻若干个 2～3 mm 小孔，以便充氨。后端露出草垛外面约长 0.5 m。通过胶管接上氨瓶，用铁丝缠紧。 封垛：堆完草垛后，用 10 m×10 m 塑料薄膜盖严，四周留下宽的余头。在垛底部用一长杠将四周余下的塑料薄膜上下合在一起卷紧，用石头或土压住，但输氨管外露。 充氨：按秸秆重量 3%的比例向垛内缓慢输入液氨。输氨结束后，抽出塑料管，立即将余孔堵严。 草垛管理：注氨密封处理后，经常检查塑料薄膜，发现破孔立即用塑料粘胶剂粘补。 除以上方法外，在我国北方寒冷冬季可采用土办法建加热氨化池，规模化养殖场可使用氨化
窖贮法	建窖：用土窖或水泥窖，深不应超过 2 m。长方形、方形、圆形均可，也可用上宽下窄的梯形窖，四壁光滑，底微凹（蓄积氨水）。 　　下面以长 5 m、宽 5 m、深 1 m 的方形土窖为例进行介绍装窖：土窖内先铺一块厚 0.08～0.2 mm、8.5 m×8.5 m 规格的塑料薄膜。将含水量 10%～13%的铡短秸秆填入窖中。装满后覆盖 6 m×6 m 的塑料薄膜，留出上风头一面的注氨口，其余上下两块塑料薄膜压角部分（约 0.7 m）卷成筒状后压土封严。 氨水用量：每 100 kg 秸秆按 3 kg÷（氨水含氮量×1.21）计算。如氨水含氮量为 15%，每 100 kg 秸秆需氨水量为 3 kg÷（15%×1.21）≈16.5 kg。 注氨水：准备好注氨管或桶，操作人员佩戴防氨口罩，站在上风头，将注氨管插入秸秆中，打开开关注入，也可用桶喷洒，注完后抽出氨管，封严。使用尿素处理（配比见小垛法）的，要逐层喷洒，压实
小垛法	在家庭院内向阳处地面上，铺 2.6 m^2 塑料薄膜，取 3～4 kg 尿素，溶解在水中，将尿素溶液均匀喷洒在 100 kg 秸秆上，堆好踏实后用 13 m^2 塑料布盖好封严。小垛氨化以 100 kg 一垛为宜，占地少，易管理，塑料薄膜可连续使用，投资少，简便易行

“三化”复合处理适合采用窖贮（土窖、水泥窖均可），也可用小垛法、塑料袋或水缸。其余操作见氨化处理。将尿素、生石灰粉、食盐按比例放入水中，充分搅拌溶解，使之成为混浊液。处理液的配制见表 2-2。

表 2-2　处理液的配制

秸秆种类	秸秆/kg	尿素/kg	生石灰/kg	食盐/kg	水/kg	含水量/%
干麦草	100	2	3	1	45～55	35～40
干稻草	100	2	3	1	45～55	35～40
干玉米秸秆	100	2	3	1	40～50	35～40

7. 秸秆微贮

秸秆微贮就是在农作物秸秆中加入微生物高效活性菌种——秸秆发酵活干菌，放入密封的容器（如水泥池、土窖）中储藏，经一定的发酵过程，使农作物秸秆变成具有酸香味的、草食家畜喜食的饲料。

（1）窖的建造。微贮的建窖和青贮窖相似，也可选用青贮窖。

（2）秸秆的准备。应选择无霉变的新鲜秸秆，小麦秸秆铡短为 2.5 cm，玉米秸最好铡短为 1 cm 左右或粉碎（孔径 2 cm 筛片）。

（3）复活活干菌并配制菌液。根据当天预计处理秸秆的重量，计算出所需菌种和水的量，按以下方法配制。①菌种的复活：秸秆发酵活干菌每袋 3 g，可处理小麦秸秆、干稻草、玉米干秸秆或青绿饲料 2 000 kg。在处理秸秆前先将袋剪开，将菌种倒入 2 kg 水中，充分溶解（有条件的情况下，可在水中加白糖 20 g，溶解后，再加入活干菌，这样可以提高复活率，保证微贮饲料质量）。然后在常温下放置 1～2 h 使菌种复活，复活好的菌剂一定要当天用完。②菌液的配制：将复活好的菌剂倒入充分溶解的 0.8%～1%食盐水中拌匀，菌液的配制见表 2-3。菌剂兑入盐水后，再用潜水泵循环，使其浓度一致，这时就可以喷洒了。

表 2-3　菌液的配制

秸秆种类	秸秆/kg	活干菌/g	食盐/kg	水/L	含水量/%
干麦草	1 000	3	9～12	1 200～1 400	60～70
干稻草	1 000	3	6～8	800～1 000	60～70
干玉米秸秆	1 000	1.5	3～5	适量	60～70

(4) 装窖。土窖应先在窖底和四周铺上一层塑料薄膜，在窖底先铺放厚 20 cm 的秸秆，均匀喷洒菌液，压实后再铺秸秆 20 cm，再喷洒菌液压实。大型窖要采用机械化作业，用拖拉机压实，喷洒菌液可用潜水泵，一般扬程 20～50 m，流量以 30～50 L/min 为宜。在操作中要随时检查贮料含水量是否均匀合适，层与层之间不要出现夹层。检查方法：取秸秆，用力握攥，指缝间有水但不滴下。水分 60%～70%最为理想，否则为过高或过低。

(5) 加入精饲料辅料。在微贮小麦秸秆和干稻草时应加入 0.3%左右的玉米粉、麸皮或大麦粉，以利于发酵初期菌种生长，提高微贮质量。加精饲料辅料时应铺一层秸秆，撒一层精饲料粉，再喷洒菌液。

(6) 封窖。秸秆分层压实直到高出窖口 100～150 cm，充分压实后，在最上面一层均匀撒上食盐，再压实后盖上塑料薄膜。食盐的用量为 250 g/m^2，其目的是确保微贮饲料上部不发生霉烂变质。盖上塑料薄膜后，在上面放上厚 20～30 cm 的干稻草、小麦秸秆，覆土 20 cm 以上，密封。密封的目的是隔绝空气与秸秆接触，保证微贮窖内呈厌氧状态，在窖边挖排水沟以防止雨水积聚。窖内贮料下沉后应随时加土使之高出地面。

(7) 取用与饲喂。根据气温情况，秸秆微贮饲料一般需在窖内储藏 21～45 d 才能取喂。

开窖时应从窖的一端开始，先去掉上边覆盖的部分土层、草层，然后揭开塑料薄膜，从上到下垂直逐段取用。每次的取出量应以白天喂完为宜，坚持每天取料，每层所取的料不应少于 15 cm，每次取完后要用塑料薄膜将窖口密封，尽量避免与空气接触，以防止二次发酵和变质。开始饲喂时肉牛有一个适应期，应由少到多逐步增加喂量。一般育肥牛每天都可喂，冻结的微贮饲料应先化开后再用。由于制作微贮中加入了食盐，应在饲喂时由日粮中扣除。

（8）优质秸秆微贮饲料鉴定。一看，玉米秸秆饲料色泽呈橄榄绿，干稻草、小麦秸秆呈金黄褐色；二嗅，具有醇香和果香气味，并具有弱酸味；三抓，感到很松散，质地柔软湿润。

五、常用精料原料

1. 玉米

（1）观察其颜色。较好的玉米（图 2-22）呈金黄色且均匀一致，无杂色颗粒。

（2）随机抓一把玉米在手中，嗅其有无异味，粗略估计（目测）饱满程度、杂质、霉变、虫蛀粒的比例，初步判断其质量。随后，取样称重，测容重（或千粒重），分选霉变粒、虫蛀粒、不饱满粒、热损伤粒、杂质等异常成分，计算结果。玉米的外表面和胚芽部分可观察到黑色或灰色斑点为霉变，若需观察其霉变程度，可用指甲掐开其外表皮或掰开胚芽观察。区别玉米胚芽的热损伤变色和氧化变色，如为氧化变色，味觉及嗅觉可感氧化（哈喇）味。

（3）用指甲掐玉米胚芽部分，若掐不动，感觉较硬，则水分含量较低；若很容易掐入，感觉较软，则水分含量较高。也可用牙咬判断。或用手搅动（抛动）玉米，如声音清脆，则水分含量较低，反之则水分含量较高。

（4）使用注意事项：①新玉米水分含量不宜太高、杂质不宜过多，会影响能量浓度；②结块、霉变来米常含有呕吐毒素、赤霉烯酮和黄曲霉 B_1 毒素，易造成胃肠道疾病，甚至引起肝脏等器官的损伤。

2. 麸皮

小麦麸皮（图 2-23）是小麦制粉加工中的主要副产品，产量大，含有较丰富的碳水化合物、蛋白质、淀粉酶系、维生素和矿物质等。麸皮蛋白质中含有人体所需的 18 种氨基酸，其中包括全部 10 种必需氨基酸，在构成蛋白质的基本氨基酸中，又以谷氨酸、天冬氨酸、精氨酸、甘氨酸和亮氨酸等居多。矿物质含量以钾、磷、镁和钙等元素居多。维生素含量以胡萝卜素、烟酸、视黄醇、生育酚和泛酸等居多。

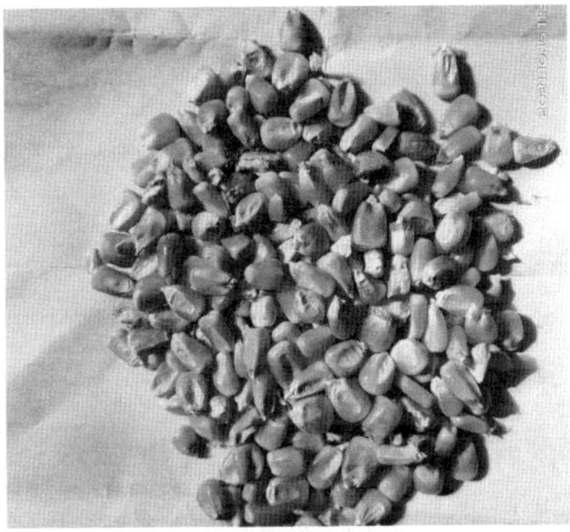

图 2-22 玉米

图 2-23 麸皮

（1）观察颜色、形状。麸皮一般呈土黄色，细碎屑状，新鲜一致。

（2）闻麸皮气味，是否有麦香味或其他异味、发酵味、霉味等。

（3）抓一把麸皮在手中，仔细观察是否有掺杂和虫蛀；掂一掂麸皮分量，若较坠手则可能掺有钙粉、膨润土、沸石粉等物；将手握紧再松开，若水分高则粘手；再用手捻一捻，检查其松软程度，松软的麸皮较好。

3. 豆粕

(1) 先观察豆粕（图 2-24）颜色。较好的豆粕呈黄色或浅黄色，色泽一致。较生的豆粕颜色较浅，有些偏白，豆粕过熟时则颜色较深，近似黄褐色（生豆粕和过熟豆粕的脲酶均不合格）。再观察豆粕形状及有无霉变、发酵、结块和虫蛀并估计其所占比例。好的豆粕呈不规则碎片状，豆皮较少，无结块、发酵、霉变及虫蛀。有霉变的豆粕一般都有结块，并伴有发酵，掰开结块，可看到霉点和面包状粉末。同时判断豆粕是否经过二次浸提，二次浸提的豆粕颜色较深，焦煳味也较浓。最后取一把豆粕在手中，仔细观察有无杂质、杂质数量及有无掺假（豆粕主要防掺豆壳、秸秆、麸皮、锯木粉和砂子等物）。

图 2-24　豆粕

(2) 闻豆粕，是否有正常的豆香味，是否有生味、焦煳味、发酵味、霉味及其他异味。若气味很淡，则表明豆粕较陈。

(3) 咀嚼豆粕，尝一尝是否有异味，如生味、苦味或霉味等。

(4) 用手捏或用牙咬豆粕，感觉较绵的，水分较高；感觉扎手的，水分较低。两手用力搓豆粕，若手上留下较多油腻物，则表明油脂含量较高（油脂高会影响水分判定）。

4. 棉粕

(1) 观察棉粕（图 2-25）的颜色、形状等。好的棉粕多为黄色粉末，黑色碎片状棉籽壳少，棉绒少，无霉变及结块现象。抓一把棉粕在手中，仔细观察有无掺杂，估计棉籽壳所占比例及棉绒含量，若棉籽壳及棉绒含量较高，则棉粕品质较差，粗蛋白较低，粗纤维较高。

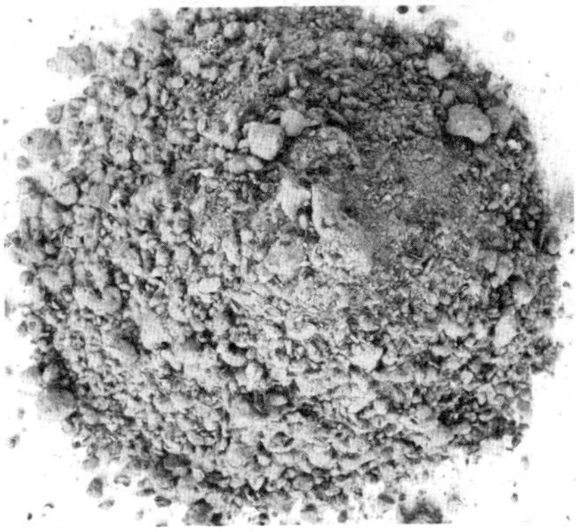

图 2-25　棉粕

（2）用力抓一把棉粕，再松开，若棉粕被握成团块状说明水分较高，若成松散状则说明水分较低。将棉粕倾倒，观察手中残留量，若残留较多，说明水分较高，反之水分较低。用手摸棉粕感觉其湿度，在温度较高、水分较高的情况下，若感觉烫手，大量堆码很可能会自燃。

（3）闻棉粕的气味，看是否有异常气味等。

5. 油饼

油饼是榨油业的副产品，主要包括大豆饼、花生饼、棉籽饼和菜籽饼等（图 2-26）。此类饲料常用作蛋白质补充饲料，是肉牛生产中重要的蛋白质饲料来源。油饼类饲料的营养价值很高，可消化蛋白质含量 31.0％～40.8％，氨基酸组成较完全。禾本科籽实中所缺乏的赖氨酸、色氨酸和蛋氨酸，在油饼类饲料中含量都很丰富。苯丙氨酸、苏氨酸和组氨酸等含量也不少。因此，油饼类饲料中粗蛋白质的消化率、利用率均较高。粗脂肪含量随加工方法不同而

棉籽饼　大豆饼　菜籽饼

图 2-26　油饼类

异，一般经压榨法生产的油饼类脂肪含量为5%左右。无氮浸出物占干物质的22.9%～34.2%。粗纤维含量，加工时去壳的为6%～7%，消化率高。油饼类饲料含磷量比钙多。B族维生素含量高，但胡萝卜素含量很少。

6. 棉籽

(1) 棉籽（图2-27）呈黑色，其形状为圆锥形，也有卵形、短卵形的，由壳和仁两部分组成，它们的重量百分比常因品种不同而有所差别。一般壳占39%～52%，仁占48%～61%。壳包在仁外，相当坚硬。

图2-27　棉籽（壳）

(2) 棉籽的粗蛋白质和过瘤胃蛋白质含量比全脂大豆和豆粕低，总必需氨基酸、赖氨酸和蛋氨酸的含量也比全脂大豆和豆粕低，但是棉籽的脂肪含量基本与全脂大豆相当，比豆粕高。棉籽的氨基酸含量高于其他的粗饲料，粗蛋白质比玉米高很多，而且棉籽中含有动物体必需脂肪酸及对动物有益的多不饱和脂肪酸。棉籽中有比较高的中性洗涤纤维，但是随着棉籽品种以及棉绒长短的不同，纤维含量会有所改变。

7. 啤酒糟

(1) 啤酒糟（图2-28）为灰色或浅黑色的粉状物，存在明显的

图 2-28　啤酒糟

纤维物（如大麦皮、稻谷皮等）。

（2）有淡淡的酒香味，无其他异味。

（3）用手捏有松软的感觉，手感轻。若手感重，则有掺假嫌疑（主要掺入物有膨润土、沸石粉和泥砂等）。

8. 玉米酒糟粕

（1）玉米酒糟粕（图 2-29）为黄褐色碎屑状，含有较多玉米皮状物。

图 2-29　玉米酒糟粕

（2）气味略带微酸甜味，无其他异味。

(3) 尝味道，先有微酸味，后有玉米香味。若感觉黏手，则水分较高，反之较低。

9. 碳酸氢钠

碳酸氢钠（图 2-30）俗称小苏打、苏打粉，白色细小晶体，在水中的溶解度小于碳酸钠。

图 2-30 碳酸氢钠

小苏打属于碱性物质，作用就是调节电解质的离子平衡以及酸碱平衡。小苏打可以调节畜禽机体的酸碱度，使环境保持相对稳定状态，提高机体抵抗力及免疫力。小苏打能中和胃酸，溶解黏液，降低消化液的黏度，并促进胃肠收缩，有健胃、抑酸和增进食欲的作用，从而提高家畜对饲料的消化力，加速营养物质的利用。同时小苏打还是血液和组织中的主要缓冲物质，可以提高血液 pH 及碱储备，有助于家畜内分泌系统抵抗应激反应。

10. 舔砖

(1) 舔砖（图 2-31）适用于大量采食秸秆或低质粗饲料的禁牧舍饲肉牛。对保护草原的生态平衡，补充矿物质微量元素的不足，提高肉牛的生产性能，改善健康状况，提高生产效益具有深远的意义。

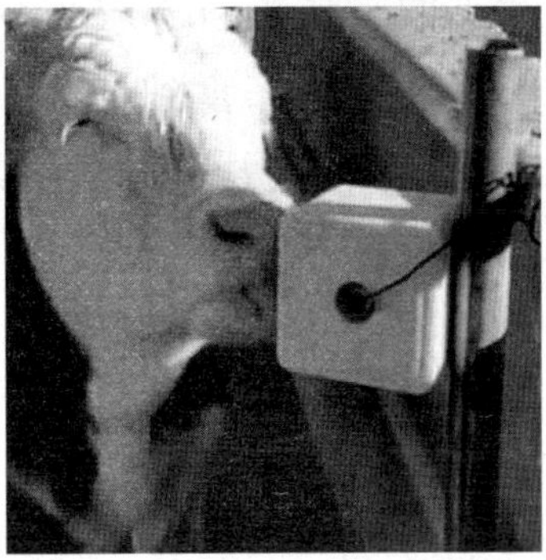

图 2-31　舔砖

（2）营养成分：含食盐、糖蜜、钙、磷、铁、铜、锰、锌、钴、碘、硒和镁等多种微量元素。

（3）功效：矿物质是体组织、体液中不可缺少的重要成分，家畜缺乏矿物质微量元素时，就会食欲减退，消化不良，生长停滞，消瘦，增长速度减慢，产生异食癖（爱吃塑料，舔毛，舔尿等）。幼仔畜易发生佝偻病，骨质松软症，严重时使骨骼松软变形。可导致母畜屡配不孕，发情率低，流产死胎，胎衣不下，乳房发育不良，乳腺炎，子宫炎，产后缺乳，产后瘫痪，营养性贫血，毛皮粗糙，质差色暗，白肌病，腐蹄病，酮血病等多种疾病。海水是盐的“故乡”，海水中含有各种盐类，其中 90%左右是氯化钠，也就是食盐。另外还含有氯化镁、硫酸镁、碳酸镁及含钾、碘、钠、溴等各种元素的其他盐类。氯化镁是点豆腐用卤水的主要成分，味道是苦的，因此，含盐类比重很大的海水喝起来又咸又苦。

六、全混合日粮（TMR）

全混合日粮是按照反刍动物不同生理阶段的营养需要，把切碎（揉搓）适当长度的粗饲料、精饲料、矿物质、维生素和其他添加剂按照一定的配比进行充分搅拌混合而得到的一种营养相对均衡的日粮，能保证肉牛采食到的每一口日粮具有均衡的营养，以满足肉牛需要。TMR饲养技术在配套技术措施和性能优良的TMR机械的基础上，能够保证肉牛采食的每一口日粮都是精粗比例稳定、营养浓度一致的全价日粮。TMR搅拌车及内景见图2-32至图2-34。

图2-32　TMR搅拌车（左　自走式、右　固定式）

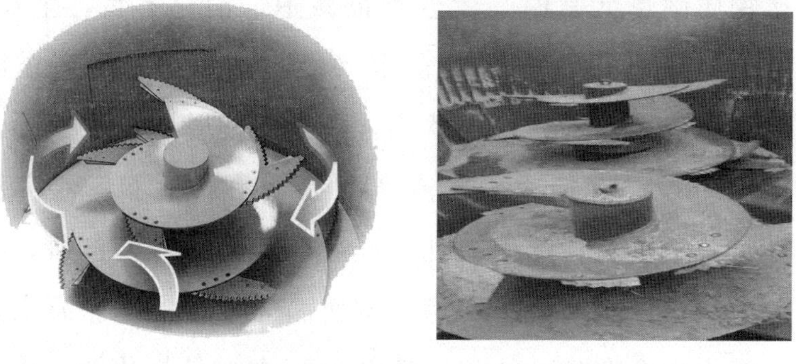

图2-33　立式搅拌车内景

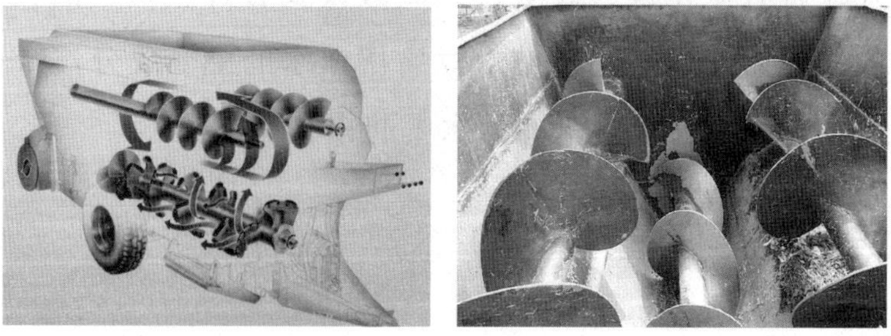

图2-34　卧式搅拌车内景

1. TMR 配制原则

根据（NY/T 185—2004）《肉牛饲养标准》和《中国饲料成分及营养价值表》（2021 年第 32 版），结合肉牛群体实际情况充分考虑实际生产水平，科学设计 TMR 日粮配方；尽可能利用当地的饲料原料，品种多样化；营养均衡、全价，适口性好；保证干物质采食量，在不影响育肥效果的前提下，降低饲料成本。

2. TMR 制作方式

（1）机械混合。原料添加顺序（图 2-35）是先轻后重，先干后湿，先多后少，先粗后精。一般顺序为干草、青贮饲料、精料、其他原料和添加剂等，最后加水。

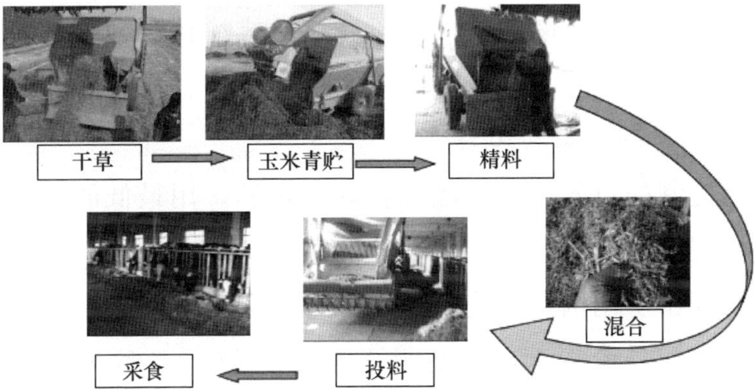

图 2-35　TMR 制作流程

确保饲料 TMR 中有 15%～20%的粗饲料，长度≥4 cm 为宜。搅拌时间视原料特性和机械性能而定。

TMR 配制的关键参数控制：含水量（图 2-36）在 45%～50%，含水量大的饲料（青贮饲料/啤酒糟）的量不应超过 60%；控制牧草长度不低于 4 cm。

（2）人工混合。干草和秸秆长度为 2～3 cm，按干草、青贮饲料、精料、其他原料和添加剂等分层均匀地在地上摊开，最后加

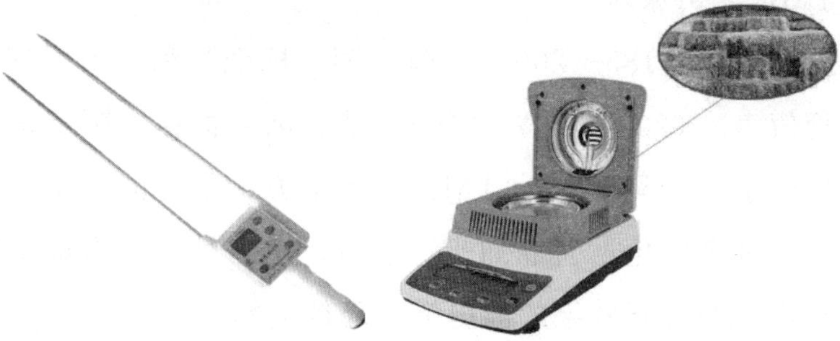

图 2-36　饲草水分检测设备

水。使用铁锹等工具将摊在地上的原料向一侧对翻，直至混匀为主。

3. TMR 饲喂技术

每日早、晚各饲喂 1 次。一般有移动式搅拌车饲喂和农用车饲喂两种方式。

4. 日粮配制步骤及比例

日粮配制的目的是实现经济合理的饲养，用最低的成本获取最高效益。

（1）列出所用饲料并查各种饲料的营养成分。

（2）根据经验先列出配方并分项目计算出各种指标（如代谢能、粗蛋白、钙、磷等）。

（3）检查（2）中计算结果，和需要对比，并对相应的成分进行调整，以达到营养需要。采用计算机进行饲料配制方便、快速、准确，能充分利用饲草饲料来源，降低配方成本。

精粗饲料比例根据牛的类型和粗饲料的品质优劣确定。一般按精粗比（30～40）∶（60～70）搭配。注意考虑所配日粮的适口性和饱腹性。

5. 育肥牛配方实例

以下饲料配方适用于 7～18 月龄的生长育肥牛。

（1）混合精料：玉米面57%，麸皮29%，豆饼14%（70 g尿素用水拌入玉米面中）。粗饲料：青贮玉米秸秆73%，小麦秸秆27%。另外添加贝壳粉60 g，食盐20 g和小苏打粉10～15 g。在充分饲喂粗饲料的情况下，每日喂混合精料1.5～2.0 kg。

（2）混合精料：玉米面40%、小麦秸秆20%、棉籽饼40%（玉米面中加水拌入尿素40 g）。粗饲料：干地瓜秧36%、小麦秸秆28%、干花生秧36%。另外添加贝壳粉50 g，食盐26 g。棉籽饼用1%硫酸亚铁水溶液浸泡6 h再用。混合精料每日可喂1.5～1.8 kg。

（3）混合精料：玉米面68%、麸皮16%、豆饼16%（玉米面中加水拌入尿素60 g）。粗饲料：青贮玉米秸秆67%、花生秧13%、小麦秸秆20%。另外添加贝壳粉60 g，食盐20 g和小苏打粉5 g。混合精料每日可喂1.8 kg左右。

（4）混合精料：玉米面60%、麸皮20%、花生饼20%。粗饲料：氨化小麦秸秆33%，青贮玉米秸秆67%。另外，添加贝壳粉60 g、食盐20 g和小苏打粉5 g。混合精料每日可喂1.5～2.0 kg。

（5）混合精料：玉米面83%（加水拌入尿素70 g）、豆饼17%。粗饲料：稻草9%、青贮玉米秸秆82%、小麦秸秆9%。另加贝壳粉60 g、食盐20 g和小苏打粉5 g。混合精料每日可喂1.5～1.8 kg。

成年老残淘汰牛育肥，可采用下述饲料配方。

混合精料：棉籽饼60%、玉米面40%。粗饲料：青贮玉米秸秆70%、氨化小麦秸秆30%。

七、经验之谈

（一）养殖户问：制作玉米青贮时需要重点把控哪些关键点？

专家回答：其实制作玉米青贮关键点就三点。①干物质达标；

②尽量压实；③尽快封窖。

具体操作是：

（1）青贮玉米收割前，先将青贮窖清洗干净，消毒，铺好塑料膜，青贮制作、检测、计量人员和碾压设备到位。

（2）青贮制作过程中，对入窖的每一车青贮玉米采样化验，并做相应记录。对不合格的应拒收，拒绝入窖。

（3）青贮玉米入窖后用大型的压窖设备进行逐层碾压，尽量压实。

（4）控制切割长度。开始收的时候，青贮玉米干物质在25%～30%，切割长度要求1.5～2 cm，当到了收割后期，如果干物质超过30%，要求切割长度控制在0.5～1.2 cm，并且开启收割机的籽粒破碎功能。

（5）封窖。一般采用逐段封窖，制作好一段封一段。一般控制在2～3 d封一段，一窖需要7～10 d完成封窖。

（6）压窖。使用大型50和55装载机或大型推土机压窖。青贮玉米每层平铺厚度不能超过15 cm。在青贮窖里推一个斜坡，斜坡的坡度控制在45°左右，一层一层地反复来回压，将青贮窖里所有的空气挤出去。对青贮窖边上压不到的死角，要求人工对每一层不断地踩实。制作完的青贮料压实度以实验室测定密度为主。一般分几个点采样检测，密度750～800 kg/m^{3}为宜。

（7）封窖。封窖第一要及时。第二是铺塑料膜时一定要保证密封，如果透风，一定要用塑料胶布粘牢，保证真空的状态。第三是封窖后，用绳子将废弃轮胎一个个串联起来压在青贮窖上，避免塑料膜被风吹起。

（二）养殖户问：怎样配制肉牛全混合日粮？

专家回答：配制肉牛全混合日粮要考虑以下几点。

1. 日粮配制的依据和原则

肉牛的日粮配制，要以肉牛的营养需要量即饲养标准为依据，并掌握以下几个原则。

（1）满足一定体重阶段预计日增重的营养需要，喂量可高出饲养标准的1%～2%，但不应过多。

（2）日粮组成品种要多样化，不要过于单调，要多种饲料搭配，便于营养平衡、全价。尽量采用当地资源，充分利用下脚料、副产品，以降低饲养成本。

（3）饲料种类保持相对稳定。避免日粮组成骤变，造成瘤胃微生物不适应，从而影响消化功能，甚至导致消化道疾病。所用饲料要干净卫生。注意各类饲料的用量范围，防止含有有害因子的饲料用量超标。

2. 肉牛日粮配制的特殊性

（1）粗饲料是日粮的主体。粗饲料的物理结构及营养浓度可保证瘤胃的正常生理功能，避免消化道疾患；粗饲料单位养分价格低，可以降低饲料成本。

（2）饲料比例应适度。单独用粗饲料饲喂肉牛，要获得良好效益是不可能的。要充分发挥肉牛优良生产潜力，应合理利用粗饲料及各类农副产品，同时根据养分余缺制定精料配方，组成“肉牛用精料补充料”，并确定喂量。

（3）肉牛精饲料的配制。能量饲料主要是玉米、高粱、大麦等，占精饲料的60%～70%。蛋白质饲料主要包括豆饼（粕）、棉籽饼（粕）和花生饼（粕）等，占精饲料的20%～25%。矿物质饲料包括骨粉、饲料级NaCl、苏打、微量（常量）元素、维生素添加剂。微量（常量）元素、维生素添加剂一般不能自己制作，需要从正规厂家购买，按照说明在规定期间内使用，严禁使用“三无”

产品。

3. 肉牛增重效果

长期经验得知，体重 300 kg 以下每头牛日干物质采食量均为 7.2 kg，预计每天增加 900 g；体重 300～400 kg 每头牛日干物质采食量均为 8.5 kg，预计每天增加 1 100 g；体重 400～500 kg 每头牛日干物质采食量均为 9.8 kg，预计每天增加 1 000 g。

4. 颗粒饲料育肥牛

将精、粗饲料按比例混合，制成颗粒全价料饲喂育肥牛可提高增重，减少饲料浪费，显著缩短试验牛的采食时间，缩短工人劳动时间和劳动强度，提高劳动定额，从而大幅度降低成本。参考配方：玉米面 47.5%，麸皮 5%，棉籽饼 10%，添加剂 1%，饲料级 NaCl 0.5%，骨粉 1%，小麦秸秆粉或草粉 35%。

（三）养殖户问：片大、颜色红黄、发亮的玉米压片是高质量压片吗？

专家回答：当前国内玉米的育种方向偏向于提高产量，用于压片的玉米颗粒大体分粉质玉米和胶质玉米两种，通过生产实践得出如下结论。

（1）粉质玉米压片后感官不如胶质玉米压片好，粉质整体颜色发黄白、发暗；胶质玉米压片颜色金黄，个别的甚至红黄、发亮。牧场更愿意使用胶质玉米压片。

（2）从牛只的适口性观察，胶质玉米压片的适口性相对较好，因为胶质玉米有韧性、有嚼头。

（3）胶质玉米压片饲喂时不易破碎，而粉质玉米压片容易破碎。

（4）从经济效益角度来看，胶质玉米产量相对比粉质玉米产量高，农民更愿意种植。

(5) 粉质玉米与胶质玉米对比

①粉质玉米颗粒软，呈马齿型，淀粉含量较胶质玉米高。粉质胚乳细胞大，淀粉粒多为圆形，直链淀粉比重高，蛋白质含量较低，与淀粉粒结合不紧密，结构疏松，呈不透明状，较易粉碎，切开或咬开断面呈白粉状，对畜类利用率效果明显，易糊化，适口性好。

②胶质玉米颗粒较硬、光泽好、半马齿状，容重在 690 g/L 以上，淀粉含量相对较低，且直链淀粉比重高，其胶质胚乳细胞小，淀粉粒小而呈多角形，淀粉颗粒充满蛋白质，因而组织致密，呈半透明状，粗蛋白含量比粉质玉米高，但多为角蛋白，畜类较难利用。胶质玉米粒大饱满，较难粉碎，破碎后呈碎粒状，且粒度较均匀，口感差，但核黄素较高，适合做禽料。

(四) 养殖户问：玉米压片（图 2-37）薄厚、舒展、平整度如何确定？

专家回答：首先从对牛只的适口性来分析，压片太薄或者太厚，适口性都不好，现在行业里压片的厚度控制在 2 mm 上下，是牛只吸收利用的最佳厚度。压片是否舒展、平整，首先与玉米颗粒有关，胶质玉米的压片舒展度和平整度整体比粉质玉米的要好。压片是否舒展、平整还与压片机轧辊的粗细和材质有关。轧辊越粗压片越舒展平整，反之，越细压片越弯曲，压片形状越不好看。目前国内主流的压片机（产能为 5 t/h）轧辊大小为 400 mm（直径）×1 500 mm（长度）和压片机（产能为 10 t/h）轧辊大小为 700 mm（直径）×1 500 mm（长度）两种。综上所述，

图 2-37 胶质玉米压片（左）和粉质玉米压片（右）

只从压片的外观是否舒展、平整不能衡量压片质量的好坏。

（五）养殖户问：压片的糊化度是不是越高越好？

专家回答：压片的糊化度是指玉米淀粉的糊化度，行业中压片的理想糊化度为65%～75%。淀粉糊化度是指淀粉在加工过程中所达到的熟化程度，即糊化淀粉量占总淀粉量的比例。饲料淀粉的糊化基本上是通过水分、热、机械能、压力和酸碱度等因素综合作用而发生的。糊化对消化有重要作用，它可以提高淀粉吸收水分的能力，使得酶能够降解淀粉，从而提高淀粉的消化率。温度是促使淀粉糊化的必要条件，升高温度将不同程度地提高玉米中淀粉的糊化度，尤其是温度大于90 ℃时，糊化度急剧升高。制作压片时影响玉米压片糊化度的因素包括以下几点。

（1）蒸煮温度。当蒸煮温度较高时，玉米压片糊化度较高，粉碎率稍高；否则，玉米糊化度较低、粉碎率较高。综合考虑各指标，蒸煮温度应为130 ℃左右（饱和蒸汽压片压力为0.28MPa，考虑到压力损耗，进入蒸煮罐前内压力最低需0.4MPa，即相对温度为143 ℃）。

（2）加热时间。当加热时间较长或过短时，玉米压片糊化度降低，粉碎率较高。综合考虑各指标，加热时间应为60～70 min。

（3）压辊间距。压辊间距较小时，玉米压片糊化度较高、粉碎率较高；否则，玉米压片糊化度较低、粉碎率较低。综合考虑各指标，压辊间距应为0.5～1.0 mm。

（4）压辊转速。压辊转速对各指标的影响不是很显著。综合考虑各指标，压辊转速取值150～200 r/min。

（5）玉米颗粒的最佳水分为16%～18%，这时压片后的糊化较好。

（6）糊化度最佳参数组合是：蒸煮温度130 ℃，加热时间为

60～70 min，压辊间距为 0.5～1.0 mm，压辊转速为 150～200 r/min。

玉米压片的淀粉糊化度是衡量压片质量的关键指标，但是糊化度也不是越高越好，太高影响其他指标，行业中合适的玉米压片糊化度为 75%。

工作任务三

制定良法

一、肉牛育肥基础

（一）育肥原理

育肥的目的是获得优质的牛肉，并取得最大的经济效益。所谓育肥，就是使日粮营养水平高于维持和正常生长发育所需要的营养，获得较高的日增重，使多余的营养在使肌肉生长的同时沉积尽可能多的脂肪，达到育肥的目的并缩短饲喂期。对于幼龄牛，其日粮营养水平应高于正常生长发育和维持营养需要。对于成年牛，只需高于维持营养需要即可。

不同品种的牛，在育肥期对营养的需要量是有差别的。以去势幼龄牛为例，乳用品种牛所需的营养物质比肉用品种牛要高出10％～20％。不同生长阶段的牛，其生长发育的重点不同。幼龄牛以肌肉、骨骼和内脏为生长重点，所以饲料中蛋白质含量应高一些。成年牛主要是沉积脂肪，所以饲料中能量应高一些。二者增重成分不同，单位增重所需的营养量以幼龄牛最少，成年牛最多。当脂肪沉积到一定程度后，成年牛的生活力降低，食欲减退，饲料转化率降低，日增重减少，必须及时出栏，以免浪费饲料。公牛在丰富的饲养条件下增重极快，每单位增重平均消耗饲料几乎较母牛省

10%以上，阉牛则介于公母牛之间，阉牛在饲养水平高的时候较公牛易于沉积脂肪，达到“雪花”牛肉的标准。

在育肥过程中，日增重越高，用于维持消耗的比重越小，则用于增重的比重就越大，能量的利用率也就越高。各种牛用于增重所耗净能相差不大，仅仅是脂肪和肉的增重与骨的增重的不同比例所致。因此，如何降低维持能量消耗是肉牛育肥的中心问题之一。

（二）饲喂技术

1. 一般饲喂原则

（1）日粮组成多样化、优质化。精、粗饲料要合理搭配，粗饲料是根，粗饲料要求喂饱，青绿饲草现割现喂，青绿苜蓿等晒干后喂，霉变饲草、冰冻饲草严禁饲喂。

（2）定时定量，少给勤添。饲喂制度形成后对保持消化道内环境稳定和正常消化机能有重要作用，是保证牛消化机能的正常和提高饲料营养物质消化率的基础。如果随意改变，饲喂过迟或过早，均会打乱肉牛的消化腺活动，影响其消化机能。

（3）饲料更换切忌突然，稳定日粮。肉牛瘤胃内微生物区系的形成需要 30 d 左右的时间，一旦打乱，恢复很慢。因此，有必要保持饲料种类的相对稳定。在必须更换饲料种类时，一定要逐渐进行，以便使瘤胃内微生物区系能够逐渐适应。尤其是在青粗饲料之间更换时，应有 7～10 d 的过渡时间，这样才能使肉牛能够适应，不至于产生消化紊乱现象。时青时干或时喂时停，均会使瘤胃消化受到影响，造成生长受阻，甚至导致疾病。

（4）防异物、防霉烂。由于肉牛的采食特点，饲料不经咀嚼即咽下，故对饲料中的异物反应不敏感。因此，饲喂肉牛的精饲料要用带有磁铁的筛子进行过筛，而在青粗饲料铡草机入口处应安装强力磁铁，以除去其中夹杂的铁针、铁丝等尖锐异物，避免网胃、心包创伤。对于含泥较多的青粗饲料，还应浸在水中淘洗，晾干后再进行饲喂；切忌使用霉烂、冰冻的饲料喂牛，保证饲料的新鲜和清洁。

（5）保证充足清洁的饮水。饮水的方法有多种形式，最好在食槽边或运动场安装自动饮水器，或在运动场设置水槽，经常放足清洁饮水，让牛自由饮用。目前肉牛场一般是将食槽作水槽，饲喂后饮水，但要保持槽内有水，让牛自由饮水。

（6）饲料的合理配制。饲料占成本的 70％，饲料的配制使用直接影响到养殖成本，应结合当地饲料资源配制肉牛日粮，既要满足营养需要，又要降低饲料成本。①粗饲料占日粮比例。根据肉牛的生理特点，选择适当的饲料原料，以干物质为基础，日粮中粗饲料的比例应在 40％～70％，也就是说日粮中粗纤维含量应占干物质的 15％～24％。在育肥后期粗饲料比例也应在 30％，这样才会保证牛体健康。②精饲料喂量。在满足青贮饲料（占体重 3％～6％）或干草（2 kg）饲喂量的基础上，根据增重要求精饲料一般按体重 0.8％～1.2％提供，育肥后期可达 1.5％，但瘤胃缓冲剂要占精饲料的 1％～1.2％；③采食量。为了保证肉牛有足够的采食量，日粮应保证有足够的容积和干物质含量，干物质需要量为体重的 1.3％～2.2％。

（7）合理选用商品饲料。市场上肉牛的商品饲料品种很多，如添加剂、预混料、浓缩料和精饲料补充料等，必须根据本身的饲料资源情况合理选择。不同类型饲料产品在日粮中的使用比例不同，同一类型饲料产品也应根据肉牛不同生理阶段需要选用不同型号。各种产品的营养成分也有差异，养殖户要根据自己的矿物质饲料、蛋白质饲料、能量饲料（玉米、麸皮）合理选择搭配。

2. 饲喂技巧和方法

（1）饲喂技巧。饲喂的饲料必须符合肉牛的采食特点，在饲喂前进行适当加工。如果谷物饲料不粉碎，则肉牛食后不易消化利用，出现消化不良现象；而粉碎过细牛又不爱吃。因此，要根据日粮中精饲料量区别饲喂。精饲料少时，可把精饲料同粗饲料混拌饲喂；精饲料多时，可把粉料压为颗粒料，或全混合日粮饲喂；粗饲料应该切短后饲喂；牛喜欢吃短草，即寸草三刀，可提高牛的采食量，还可减少浪费。当肉牛快速育肥，精饲料超过60%时，为了使其瘤胃能得到适当的机械刺激，粗饲料可以切得长些，最好提供优质长草如干苜蓿或羊草。鲜野青草或叶菜之类饲料可直接投喂，不必切短。块根、块茎和瓜类饲料，喂前一定要切成小块，绝不可整块喂给，特别是马铃薯、甘薯、胡萝卜、茄子等，以免发生食道梗阻。豆腐渣、啤酒糟、粉渣等，虽然含水分多，但其干物质中的营养与精饲料相近，喂用这类饲料时可减少精饲料喂量。谷壳、高粱壳、豆荚、棉籽壳等，只能用作粗饲料。糟渣类的适口性好，牛很爱吃，但要避免过食而造成牛食滞、前胃活动弛缓、臌胀等。如果以450 kg体重的育肥肉牛为例，湿酒糟日喂量最多为15 kg，糖渣为15 kg，豆腐渣为10 kg，粉渣为15 kg。

（2）饲喂次数。国内外差别较大。国内的做法是，一般肉牛场多采用日喂2次，也有日喂3次的情况，尤其夏季在夜里补饲粗饲料，少数实行自由采食；国外较普遍采用自由采食。自由采食能满足肉牛生长发育的营养需要，肉牛长得快，屠宰率高，育肥肉牛能在短时间内出栏。

（3）饲喂方法。同样的饲料，不同的饲喂方法，会产生不同的饲养效果。具体的饲喂方法有传统饲喂方法和全混合日粮（TMR）饲喂方法两种。

①传统饲喂方法：是在饲喂上把精饲料和粗饲料、副料分开单独饲喂，或将精饲料和粗饲料进行简单的人工混合后饲喂。在饲喂顺序上，应根据精、粗饲料的品质、适口性，安排饲喂顺序。当肉牛建立起饲喂顺序的条件反射后，不得随意改动，否则会打乱肉牛采食饲料的正常生理反应，影响采食量。一般的饲喂顺序为先粗后精、先干后湿、先喂后饮。如干草—辅料—青贮饲料—块根、块茎类—精饲料混合料。传统饲喂方式肉牛所采食饲料的精、粗比不易控制，易造成肉牛的干物质摄取量偏少或偏多，尤其是育肥后期肉牛群对精饲料和粗饲料足量采食难度大，同时不利于按照饲养阶段配制不同营养浓度饲料和进行机械化操作。

②全混合日粮饲喂方法：营养较平衡，用机械设备运送，直接投放在食槽中，牛习惯后不再挑拣、等候，饲喂过程快捷简便。

（三）育肥体系

肉牛育肥在生产实践中根据不同的分类标准，一般分为以下几个体系。

（1）按性能划分，可分为普通肉牛育肥和高档肉牛育肥。

（2）按年龄划分，可分为白牛肉生产、犊牛育肥、青年牛育肥、成年牛育肥和淘汰牛育肥。

（3）按性别划分，可分为公牛育肥、母牛育肥和阉牛育肥。

（4）根据饲料类型划分，可分为精料型直线育肥、前粗后精型架子牛育肥。

（四）育肥牛出栏

适当育肥，适时出栏。牛的出栏体重越大，饲料利用率越低。肉牛生产中，达到屠宰出栏体重的时间越短，经济效益越好。因为，育肥时间越长，用于维持的营养物质消耗越多，用于育肥增重的营养物质相对减少。因此，一般情况下，老牛育肥持续时间在3个月左右，膘情好的架子牛以3个月为宜，膘情中等以下的架子牛，体重在250～350 kg，育肥4～6个月体重达到450～500 kg出栏，就能获得较好的经济效益。

育肥结束过早，肉牛没有充分发挥其最大增重潜力，影响育肥效益；育肥结束过晚，增重较低，每头牛每日的饲养费用较高，增加了肉牛饲养的成本，也会影响育肥效益。必须根据肉牛实际情况适时结束育肥出栏。判断育肥结束最佳时间的方法见表3-1。

表3-1　育肥结束最佳时间判断参考

判断方法	具体操作
眼看	①看育肥牛的采食量，下降量达正常采食量的10%～20%；②体膘丰满，看不到骨头外露；③背部平宽而厚实；④尾根两侧可以看到明显的脂肪突起；⑤臀部丰满平坦（尾根下的凹沟消失），圆而突出；⑥胸前端非常丰满、圆而大，并且突出明显；⑦阴囊周边脂肪沉积；⑧躯体体积大，体态臃肿；⑨走动迟缓，四肢高度张开；⑩不愿意活动或很少活动，显得很安静，对周边环境反应迟钝，卧下后不愿站起
手摸	①摸（压）牛背部、腰部时感到厚实，并且柔软、有弹性；②用手指捏、摸胸肋部、牛肘部牛皮时，感觉特别厚实，大拇指和食指很难将牛皮捏住；③摸牛尾根两侧柔软，充满脂肪；④摸牛肷窝部牛皮时有厚实感

二、总体技术要求

1. 育肥牛选购

要选择体形外貌和肉用性状明显的皮埃蒙特、利木赞、夏洛来、西门塔尔等及其杂种肉牛牛犊或架子牛进行分阶段育肥，犊牛（6月龄以内）、育成牛（6～12月龄）、架子牛（12～22月龄）。

2. 贮备充足的饲草料

按头均日采食干草（氨化麦草、青贮玉米秸秆、苜蓿青干草等）3～10 kg，配合饲料1.5～4 kg贮备。

3. 选择棚舍

棚舍要向阳、干燥、通风，每头成年牛占地3 m^2，舍内设饲槽和水槽，舍外设向阳遮阴、拴系的场地和饮水槽。

4. 编号与称重

编号（图3-1）对生产管理、称重统计和防疫治疗工作都具有重要意义。犊牛出生后或购进后，应立即给予编号。编号时要注意同一牛场或选育（保种）区，不应有相同的号码。从外地购入的牛可继续沿用其原来的号码，以便日后查考。给牛编号后，就要进行标记，也称标号。常用的标号方法是打耳标和电子标记。塑料耳标法已被广泛采用，用永不褪色的彩色笔将牛号写在2 cm×3.5 cm的塑料耳标牌上。用专用的耳标钳固定于耳朵中央，其标记清晰，站在2～3 m远处也能看清号码。对所有入舍牛进行分组编号，育肥前称重并且育肥开始后每月称重1次，做好生产记录。

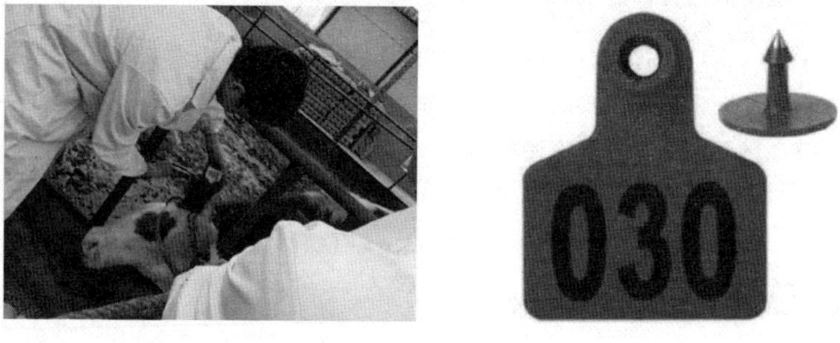

图3-1　编号

5. 分群

育肥前应根据育肥牛的品种、体重、性别、年龄、性质及膘情合理分群（图3-2）饲养。

6. 驱虫、防疫和消毒

购进的牛只或自养架子牛转入育肥前，应做1次全面的体内外

图 3-2 分群

驱虫和防疫注射；做强度育肥前还应驱虫 1 次。放牧饲养的牛应定期驱虫。肉牛舍、肉牛场院应定期消毒。每出栏一批牛，肉牛舍要彻底清扫消毒。

7. 去势

根据育肥目的确定去势时间。如高档肉生产的牛可在 5～6 月龄或 12～13 月龄去势；如果没有特定育肥目的，公牛在 2 岁前不去势育肥效果好，生长速度快，胴体品质好，瘦肉率高，饲料转化率高。但 2 岁以上公牛应考虑去势，否则不便管理，且肉中有腥味，影响胴体品质。

8. 饲草料加工调制

麦草以氨化为主，玉米秸秆青贮，青干草晾干后及时贮存在草棚内，防止雨淋暴晒。各类饲料喂前除去尘土、铁丝、玻璃和碎石等杂物。

9. 饲料更换

饲养过程中，经常会遇到饲料更换的情况，应采取逐渐更换的办法，绝不可骤然变更，打乱牛的原有采食习惯，应有 5～7 d 的过渡期，逐渐让牛适应新更换的饲料。第一天可以更换 10%，第二天更换20%～30%，第三天更换40%～50%，以经过1周时间完成全部更换为宜。如果突然全部更换，将打乱牛的原有采食习惯，使牛胃内微生物菌群紊乱，消化机能下降，发生疾病，给养牛者带来损失。更换草料时，饲养管理人员要认真观察牛的采食情况，如果发现异常，要及时采取措施，避免发生损失。

10. 饲喂及饮水

日喂2次，早晚各1次，间隔12 h，使牛有充足的反刍及休息时间。饲喂顺序先粗后精，先干后湿，少喂勤添。草拌料时，应冬拌干，夏拌湿，不喂霉烂变质的饲草料。每天饮水2～3次，夏天饮水3～4次，冬天水温应在0 ℃以上。

11. 保持圈舍、用具清洁卫生

每天清理棚圈内外粪便。牛床垫上5～10 cm长短的干草，防止腐蹄病的发生。舍内外用具每半月左右用0.3%的来苏儿水消毒。饲槽喂前彻底清扫干净，每周用2%～3%的火碱（氢氧化钠）水溶液消毒1次，水槽勤换水，及时清洗。

12. 限制运动

拴系舍饲育肥牛，应定时牵到运动场适当运动，每天要进行2～3 h的户外运动；对于散养的肉牛，每天在运动场自由活动的时间不应少于8 h。运动时间，夏季在早晚，冬季在中午。放牧饲养的，在育肥后期要近牧和补饲，增加营养物质在体内沉积。育肥阶段要安静少动，尽量创造利于反刍和休息的环境，运动场的环境要清净、干燥、宽敞，站立或运动有一定的空间。

13. 刷拭

刷拭（图3-3）可促进牛体血液循环，提高牛的采食量，提高代谢水平，有助于增重；肉牛每天应刷拭2～3次，以保持皮肤清洁。

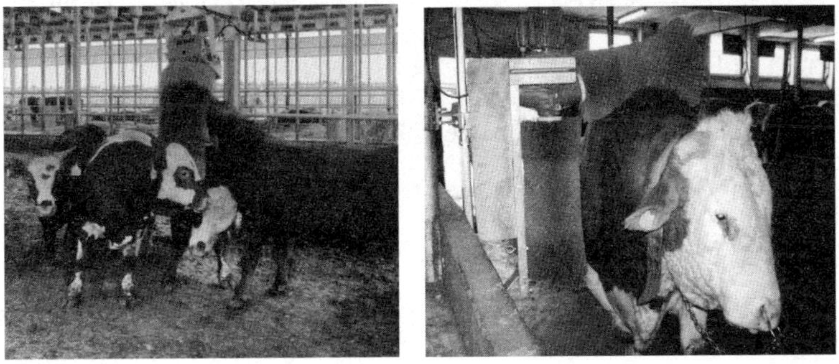

图 3-3 牛体刷拭

14. 肢蹄护理

四肢应经常护理，以防肢蹄疾病的发生。牛床、运动场以及其他活动场所应保持干燥、清洁，尤其通道及运动场上不能有尖锐铁器和碎石等异物，以免伤蹄。肢蹄尽可能干刷或每年修蹄 1 次，以保持清洁干燥，减少蹄病的发生，也可定期用 4%硫酸铜蹄浴液对蹄部进行药浴（图 3-4）。

蹄浴盆　　蹄部药浴

图 3-4 蹄部药浴

15. 严冬保暖，酷暑降温

当气温低于－15 ℃时，要采取防寒保暖措施，当气温高于 26 ℃时，要采取防暑降温措施。做好观察和详细记录，饲养员每天要认真观察每头牛的精神，采食、粪便和饮水状况，以便及时发现异常情况。对可能患病的牛，要及时请兽医诊治；对体弱、消化不良的牛，要给予特殊照顾。发现采食或饮水异常的，要及时找出原因，并采取相关措施纠正。

16. 日常管理

（1）做好肉牛场饲草、饲料的储备工作，保证秋冬季节饲料的均衡供给。加强牛场安全措施，经常对电源、火源进行安全检查，杜绝火灾的发生。

（2）加强育肥牛场的日常管理，经常打扫卫生、刷拭牛体。对牛场实行“五定六净三观察”原则：五定，即定人员、定饲养头数、定饲料种类、定喂饮时间、定管理日程；六净，即料净，不含沙石、金属等异物，不发霉腐败，不受农药污染；草净，不含泥沙、铁钉及塑料等；水净，保持饮水卫生；牛床净，勤除粪，保持肉牛舍卫生；食槽净，喂后及时清扫，防止草料残渣腐败；牛体净，每天刷拭牛体，经常保持清洁；三观察，即观察精神状态、观察食欲、观察粪便，发现异常及时处理。

三、肉牛育肥生产

（一）哺乳期犊牛饲养

1. 初生犊牛饲养管理

（1）初生犊牛（图 3-5）抵抗力弱，对外界环境条件适应能力差，对犊牛稍微有点疏忽则易受各种病菌的侵袭而引起疾病，所以，犊牛出生在预先准备好的清洁、干燥、柔软的垫草上。

第一步：断脐带（图 3-6）。对产后犊牛脐带没被扯断的，用两手轮流从母牛阴门向犊牛腹部捋脐带，直到脐血管空虚、无血液残

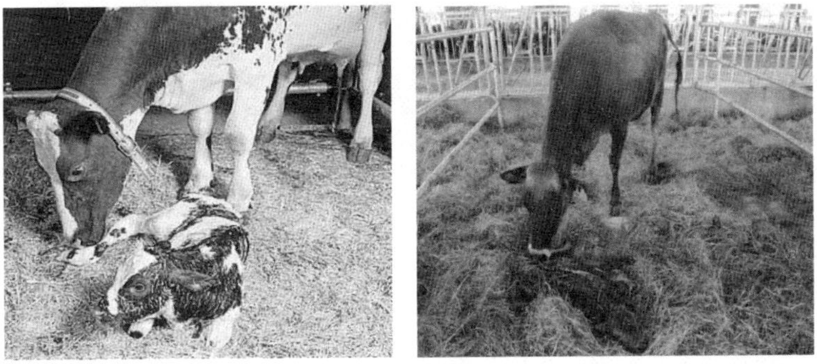

图 3-5 初生犊牛

留时，距犊牛腹部 10 cm 处剪断。

第二步：清除黏液（图 3-7）。犊牛出生时用消毒过的毛巾首先将犊牛口、鼻腔黏液擦去，以免妨碍呼吸。当犊牛已吸入黏液、发生窒息时，要进行紧急救治。

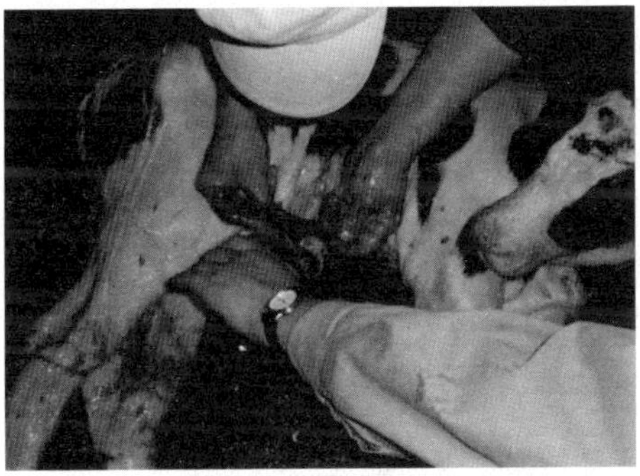

图 3-6 断脐带

图 3-7 去黏液

第三步：擦干犊牛身体；母牛舔犊；剥蹄黄；称量初生重；入犊牛舍（图 3-8）。

第四步：哺喂初乳（图 3-9）。犊牛能够站立时即可饲喂，最晚不得超过 2 h。犊牛出生后最好在 30～60 min 内喂上第一次初乳，饲喂前测温，奶温保持在 38～39 ℃。

（2）设置犊牛岛。有条件的牛场，出生的犊牛养在移动式犊

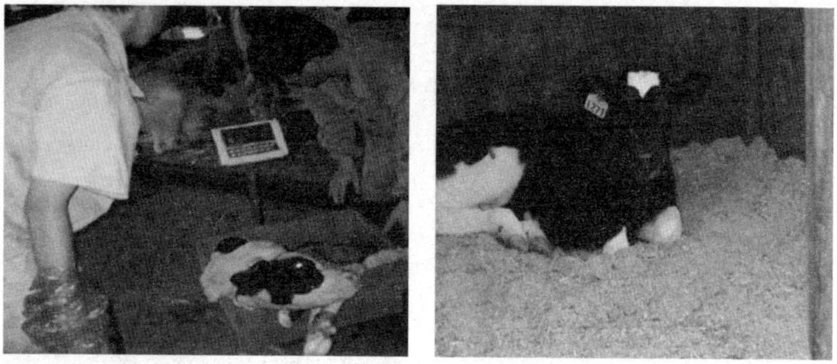

图 3-8　称重及入舍

图 3-9　喂初乳

牛岛内（图 3-10）。平均每头犊牛面积为 1.4～1.8 m^2。犊牛栏（图 3-11）内设置保温措施，并且要铺上软而厚的垫草，并应勤打扫牛舍，加强通风换气，保证犊牛的健康。

图 3-10　犊牛岛

图 3-11　犊牛栏

犊牛舍（图 3-12）要求如下。

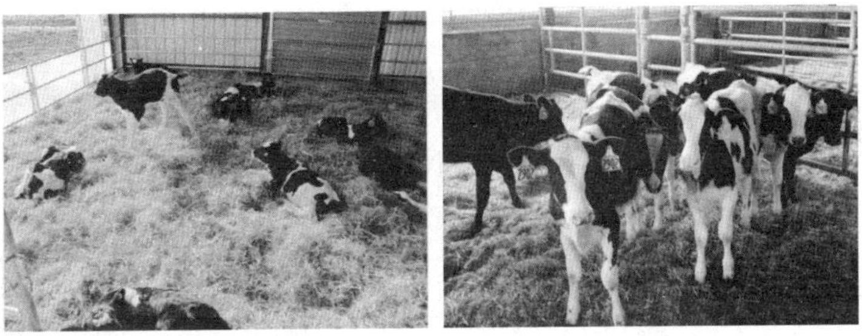

图 3-12　犊牛舍

面积：每头犊牛 2～2.5 m²；垫草：2 kg/（头·d）；垫草厚度：15～20 cm；温度：15～25 ℃；湿度：70%以下（图 3-13）；光

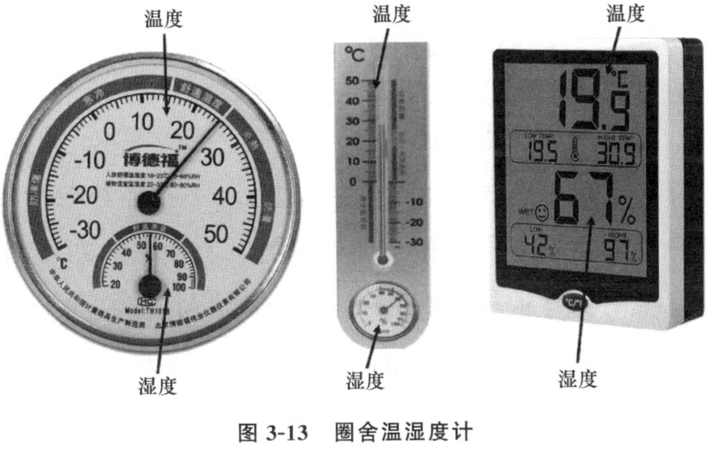

图 3-13　圈舍温湿度计

照：大于 20 h；通风：保证空气流通。

（3）环境管理要点。夏季犊牛舍（栏）要保证清洁、通风、干燥，冬季要做好防寒保暖工作，防止舍内温度突变。每日消毒牛床、牛栏，并定期用 2%火碱水冲刷。褥草应勤换。

2. 犊牛饲喂

（1）出生后 3 周内饲养管理。饲喂初乳：出生后前 3 d 饲喂初乳，平均日给奶量 3～5 kg。

饲喂常乳：犊牛哺乳一般 3 次/d，平均日给奶量 4.5 kg。奶温（图 3-14）保持在 38～39 ℃。第 2 周犊牛由奶嘴过渡到饮用铝盆喂饮，通常采用的方法是一手持盆，另一手中指蘸点奶放到牛鼻镜和口腔内，反复几次使犊牛吮吸手指，当吮吸手指时，慢慢将手指放入铝盆，待吮奶正常后，再将手指拿出，慢慢训导。

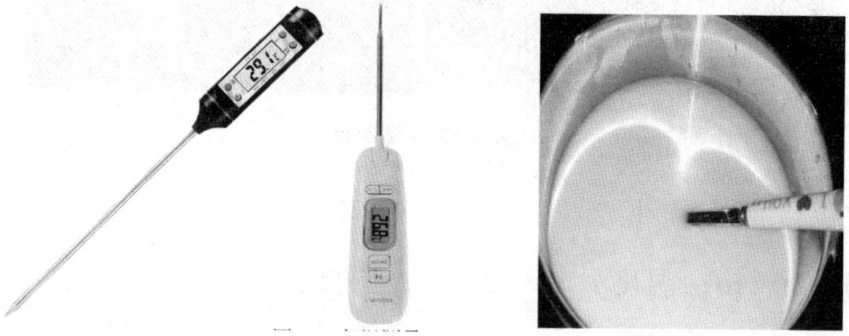

图 3-14　奶温测量

饮水：足量，清洁供应温水。

饲喂青、干草（图 3-15）：犊牛出生后 6～7 d 补喂优质干草或青草，可将草放在犊牛栏外伸头能够着处，自由采食粗饲料。

训练犊牛采食开食料（图 3-16）：犊牛出生后 10～14 d 开始自由采食开食料，可在第 7 天开始用少量犊牛开食料（颗粒料）诱食，训练吃料，采食 10～20 g/d。

图 3-15　饲喂干草料

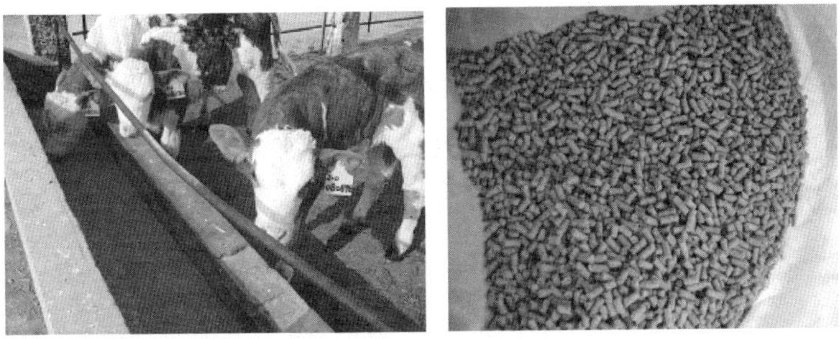

图 3-16　饲喂开食料

犊牛去角（图 3-17）：犊牛出生 10～15 d 后，将电烙铁加热到一定的温度后，牢牢地压在角基部，直到其下部组织烧的光亮为止，但不宜太深太久，以免烧伤下层组织。

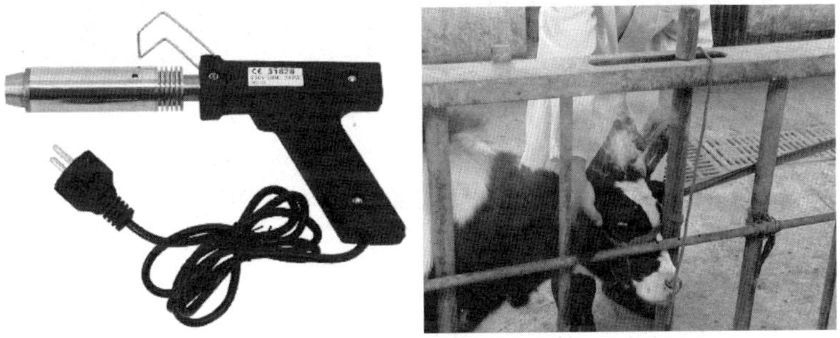

图 3-17　犊牛去角

（2）出生后 4～6 周饲养管理。饲喂常乳：此时犊牛对外界环境已基本能够适应，具有一定的适应性。犊牛饲喂常乳时仍为 3 次/d，给奶量 5～7 kg/d。此时奶温可以稍低一些（25～30 ℃）。

饲喂犊牛料：采食颗粒料 250～300 g/d，自由采食。

饮水：足量、清洁供应常温水。

饲喂粗饲料：自由采食优质粗饲料，主要是苜蓿。

（3）出生后 7～9 周饲养管理。

饲喂常乳：饲喂常乳时仍为 3 次/d，给奶量 5～7 kg/d。

饲喂犊牛料：犊牛颗粒料每天定时自由采食，保证犊牛颗粒料的干净与清洁，采食应达到 1 kg/d 精饲料。

饲喂粗饲料：自由采食粗饲料，达到 1.5 kg/d。

饮水：自由饮用常温水。

（4）断奶期（10～13 周）饲养管理（图 3-18）。

图 3-18 断奶犊牛

饲喂常乳：此期饲喂常乳时采取 3 次/d 降为 1 次/d，给奶量由 5～7 kg/d 降至 0 kg/d。

饲喂犊牛料：此期犊牛自由采食量达到 1 kg/d 精饲料。

精饲料与粗饲料比例控制在（40～60）：（60～40）范围内为宜，一般精饲料饲喂量达到 0.8～1.0kg/d，以后可按犊牛体重增长率增加饲喂量，大体上以体重乘以 1%等于日饲喂量来定量。

粗饲料最好喂给优质干草、青草和青贮玉米。随着年龄增大，4 月龄后可逐渐添加秸秆饲料，一般到 9 月龄时，秸秆饲料的饲喂量可占全部粗饲料的 1/3。

饮水：自由饮用常温水。

早期断奶技术的核心，就是必须提供犊牛优质的代乳品和犊牛料。代乳品，也称人工乳，是一种以乳业副产品（如脱脂乳、乳清粉等）为主，添加高比例的动物油脂等多种原料组成的粉末状商品饲料。代乳品的使用除了节约鲜奶、降低成本外，尚有补充全乳某些营养成分不足的特点。

3. 犊牛精饲料配方

3～6 月龄犊牛配合精料配方：玉米粉 15％、脱壳燕麦粉 34％、麸皮 19.8％、向日葵或亚麻饼粉 20％、饲用酵母 5％、菜籽粕 4％、石粉 1.7％、饲料级 NaCl 0.5％。

4. 环境要求

此时期犊牛已经具有一定适应能力和抗病能力，但是要避免夏季被雨淋，冬季受风雪侵袭。做好圈舍环境和饲喂器械的消毒和灭菌工作。白天圈舍内要开气窗，晚上要关上门窗，避免贼风侵袭。

（二）白牛肉生产

白牛肉生产是指犊牛出生后 6～8 个月，在特殊饲养条件下，育肥至 250～350 kg 时屠宰，生产出风味独特，肉质鲜嫩、多汁的高档犊牛肉。犊牛育肥以全乳或代乳品为饲料，在缺铁条件下饲养，产出的肉色很淡，故又称“白牛肉”。

1. 犊牛的选择

（1）品种。一般利用奶牛业中不作种用公犊进行犊牛育肥。在我国，多数地区以黑白花奶牛公犊为主，主要原因是黑白花奶牛公犊前期生长快、育肥成本低，且便于组织生产。

（2）性别、年龄与体重。一般选择初生重不低于 35 kg、无缺损、健康状况良好的初生公牛犊。

（3）体形外貌。选择头方大、前管围粗壮、蹄大的犊牛。

2. 饲养管理技术

（1）饲料。由于犊牛吃了草料后肉色会变暗，不受消费者欢迎，为此，犊牛肥育不能直接饲喂精料、粗料，应以全乳或代乳品为饲料。

以代乳品为饲料的参考配方如下：

配方 1：脱脂乳 60%～70%；猪油 15%～20%；乳清 15%～20%；玉米粉 1%～10%；矿物质、微量元素 2%。

配方 2：脱脂奶粉 60%～70%；鱼粉 5%～10%；豆饼 5%～10%；油脂 5%～10%。

（2）饲喂。犊牛的饲喂应实行计划采食。以代乳品为饲料的饲喂计划见表 3-2。

表 3-2　代乳品饲喂量

周龄	代乳品/g	水/kg
1	300	3
2	660	6
8	1 800	12
12～14	3 000	16

注：1～2 周龄代乳品饲喂温度为 38 ℃左右，以后为 30～35 ℃

饲喂全乳也要加喂油脂。为更好地消化脂肪，可将牛乳均质化，使脂肪球变小，如能喂当地的黄牛乳、水牛乳，效果会更好。

饲喂时用奶嘴，2～3 次/d，最初 3～4 kg/d，以后逐渐增加到 8～10 kg/d，4 周龄后能吃多少喂多少。

（3）管理。严格控制饲料和水中铁的含量，使牛在缺铁条件下生长；控制牛与泥土、草料的接触，牛栏地板尽量采用漏粪地板，如果是水泥地面应加垫料，垫料要用锯末，不要用秸秆、稻草，以防采食；饮水充足，定时定量；有条件的，犊牛应单独饲养，如果几个犊牛同圈饲养，应带笼嘴，以防吸吮耳朵或其他部位；舍温保持在 14～20 ℃，并保证通风良好；要吃足初乳，最初几天还要在每千克代乳品中添加维生素 A、维生素 D、维生素 E 各 40 mg；2～3 周要经常检查体温和采食量，以防发病。

（4）屠宰月龄与体重。犊牛饲喂到 1.5～2 月龄，体重达到 90 kg 时即可屠宰。如果犊牛增长率很好，可进一步饲喂到 3～4 月龄，体重 170 kg 时屠宰，也可获得较好的效益。但 5 月龄以后，犊牛单靠牛乳或代乳品饲喂的增长率就差了，且屠宰年龄越大，牛肉越显红色，肉质也会变差。

（三）犊牛育肥

犊牛育肥（图 3-19）又叫小牛肉生产，指犊牛出生 6～8 个月内，在特定条件下，育肥至 250～350 kg 时屠宰的牛肉生产过程。小牛肉生产过程其实是全乳和全精饲料育肥，实行分阶段饲养。

图 3-19　育肥公犊牛

1. 育肥指标

活重达 250～350 kg，胴体重 150～250 kg。

2. 犊牛的选择

用于育肥的犊牛应选择肉牛的纯种或杂种犊牛，或奶牛公犊。体重要达到纯种犊牛 35 kg 以上、杂种犊牛 38 kg 以上、奶牛公犊 45 kg 以上。且要求生长发育正常，健康无病，食欲旺盛，5～6 d 喂过初乳后即可转入育肥场。

3. 饲养管理技术要点

①哺喂初乳后，可以用全乳，也可用代乳品；②因地制宜制订犊牛饲养管理计划；③按计划饲喂，保证饮水充足，并严格控制饲料和饮水的含铁量；④牛床采用漏粪地板，严格禁止犊牛接触泥土，防止下痢。每天清理 1 次食槽。

4. 犊牛育肥饲养方案（表 3-3）

表 3-3　犊牛育肥饲养方案

周龄	体重/kg	日增重/g	全乳饲喂量/kg	配合饲料饲喂量/kg	青草或青干草饲喂方式
0～4	40～59	0.6～0.8	5～7 初乳	训练采食	—
5～7	60～79	0.9～1.0	7～7.9	0.1，训练采食	训练采食
8～10	80～99	0.9～1.1	8	0.4	自由采食
11～13	100～124	1.0～1.2	9	0.6	自由采食
14～16	125～149	1.1～1.3	10	0.9	自由采食
17～21	150～199	1.2～1.4	10	1.3	自由采食
22～27	200～250	1.1～1.3	9	2.0	自由采食

5. 饲料配方

玉米 52%，豆粕或豆饼 15%，大麦 15%，奶粉或蛋粉 5%，油脂或膨化大豆 10%，磷酸氢钙 2%，饲料级 NaCl 1%。另每千克饲料添加维生素 A 20 000 IU。

6. 饲养管理

每头犊牛有专用全木制牛栏，栏长 140 cm，高 150 cm，宽 120 cm，底板离地面高 50 cm；犊牛从第 8 周开始增加配合饲料和青草或干草的喂量；犊牛舍内每日要清扫粪尿 1 次，并用清水冲洗地面，每周室内消毒 1 次。3 个月内的犊牛饲养是关键，严格按计划饲喂乳品和补料。牛舍温度宜保持在 7～21 ℃；天气好时可放犊牛于室外活动，但场地宜小些，使其能充分晒太阳而又不至于运动量过大。其他饲养管理同犊牛的饲养管理。

（四）青年牛育肥

青年牛（图 3-20）育肥主要是利用幼龄牛生长快的特点，此阶段牛的瘤胃微生物区系发育基本健全，对粗饲料的利用率较高，在犊牛断奶后直接转入育肥阶段。给以高营养水平的饲料，进行持续强度育肥，在 24 月龄前出栏，出栏体重可达 360～550 kg 及以上。这类牛肉鲜嫩多汁、脂肪少、适口性好，是高档牛肉。

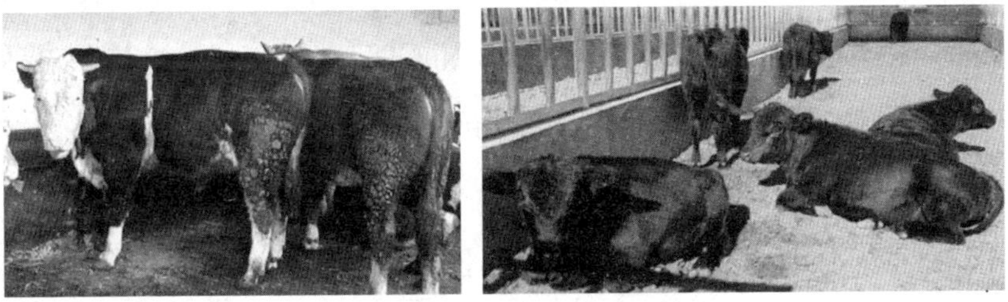

图 3-20　青年牛

1. 舍饲强度育肥（图 3-21）

青年牛的舍饲强度育肥一般分为适应期、增肉期和催肥期三个阶段。

（1）适应期。刚进舍的断乳犊牛，不适应环境，一般要有一个月左右的适应期。应让其自由活动，充分饮水，饲喂少量优质青草或干草，麸皮 0.5 kg/（d·头），以后逐步加麸皮喂量。当犊牛能进食麸皮 1～2 kg，逐步换成育肥料。其参考配方如下：酒糟 5～10 kg，干草 15～20 kg，麸皮 1～1.5 kg，饲料级 NaCl 30～35 g。

（2）增肉期。一般 7～8 个月，分为前后两期。前期日粮参考配方为：酒糟 10～20 kg，干草 5～10 kg，麸皮、玉米粗粉、饼类各 0.5～1 kg，尿素 50～70 g，饲料级 NaCl 40～50 g。喂尿素时将其溶解在水中，与酒糟或精料混合饲喂。切忌放在水中让牛饮用，以免中毒。后期参考配方为：酒糟 20～25 kg，干草 2.5～5 kg，麸皮 0.5～1 kg，玉米粗粉 2～3 kg，饼类 1～1.3 kg，尿素 125 g，饲料级 NaCl 50～60 g。

（3）催肥期。此期主要是促进牛体膘肉丰满，沉积脂肪，一般为两个月。日粮参考配方如下：酒糟 20～30 kg，干草 1.5～2 kg，麸皮 1～1.5 kg，玉米粗粉 3～3.5 kg，饼（粕）类 1.25～1.5 kg，尿素 150～170 g，饲料级 NaCl 70～80 g。为提高催肥效果，可使用瘤胃素，200 mg/d，混于精料中饲喂，体重可增加 10%～20%。

肉牛舍饲强度育肥要掌握短缰拴系（缰绳长 0.5 m）、先粗后精，最后饮水，定时定量饲喂的原则。饲喂 2～3 次/d，饮水 2～3 次/d。喂精料时应先取酒糟用水拌湿，或干、湿酒糟各半混均，再加麸皮、玉米粗粉和饲料级 NaCl 等。牛吃到最后时加入少量玉米粗粉，使牛把料吃净。饮水在给料后 1 h 左右进行，要给 15～25 ℃的清洁温水。

舍饲强度育肥的育肥场形式有：全露天育肥场，无任何挡风屏障或牛棚，适于温暖地区；全露天育肥场，有挡风屏障；有简易牛棚的育肥场；全舍饲育肥场，适于寒冷地区。以上形式应根据投资能力和气候条件而定。

图 3-21 舍饲强度育肥

2. 放牧补饲强度育肥

放牧补饲强度育肥是指犊牛断奶后进行越冬舍饲，到第二年春季结合放牧适当补饲精料。这种育肥方式精料用量少，每增重 1 kg 约消耗精料 2 kg，但日增重较少，平均日增重在 1 kg 以内。15 月龄体重为 300～350 kg，18 月龄体重为 400～450 kg。

放牧补饲强度育肥饲养成本低，育肥效果较好，适合于半农半牧区。

进行放牧补饲强度育肥，应注意不要在出牧前或收牧后，立即补料，应在回舍后数小时补饲，否则会减少放牧时牛的采食量。当天气炎热时，应早出晚归，中午多休息，必要时夜牧。当补饲时，如果粗料以秸秆为主，其精料参考配方如下：1～5 月份，玉米面 60%，油渣 30%，麦麸 10%。6～12 月份，玉米面 70%，油渣 20%，麦麸 10%。

3. 谷实饲料育肥

谷实饲料育肥是一种强化育肥的方法，要求完全舍饲，使牛在不到1周岁时活重达到400 kg以上，平均日增重达1 000 g以上。要达到这个指标，可在犊牛1.5～2月龄时断奶，喂给含可消化粗蛋白质17%的混合精料日粮，使犊牛在近12周龄时体重达到110 kg。之后用含可消化粗蛋白质14%的混合料，喂到6～7月龄时，体重达250 kg。然后可消化粗蛋白质再降到11.2%，使牛在接近12月龄时体重达400 kg以上，公犊牛甚至可达450 kg。谷实强化育肥的精料报酬见表3-4。

表3-4　不同周龄牛精料报酬表　　单位：kg

阶段	日增重		千克增重需混合料	
	公犊	阉牛犊	公犊	阉牛犊
5周龄前	0.45	0.45	～	～
6周～3月龄	1.00	0.90	2.7	2.8
3～6月龄	1.30	1.20	4.0	4.3
6月～屠宰龄	1.40	1.30	6.1	6.6

用谷实强化催肥，每千克增重需4～6 kg精料，原由粗料提供的营养改为由谷实（如大麦或玉米）和高蛋白质精料（如豆饼类）提供。典型试验和生产总结证明，如果用糟渣料和氮素、无机盐等为主的日粮，每千克增重仍需3 kg精料。因此，谷实催肥在我国不可取，或只可短期采用，弥补粗料法的不足。

从品种上考虑，要达到这种高效的育肥效果必须是大型牛种及其改良牛，一般黄牛品种是无法达到的。

为降低精料消耗，可选用以下代用品。

（1）尿素代替蛋白质饲料。牛的瘤胃微生物能利用游离氨合成蛋白质，所以饲料中添加尿素可以代替一部分蛋白质。添加时应掌握以下原则：①只能在瘤胃功能成熟后添加；按牛龄估算应在出生后 3 个半月以后。实践中多按体重估算，一般牛要求重 200 kg，大型牛则要达 250 kg。过早添加会引起尿素中毒。②不得空腹喂，要搭配精料。③精料要低蛋白质。精料蛋白含量一般应低于 12%，超过 14%则尿素不起作用。④限量添加。尿素喂量一般占饲料总量的 1%，成牛可达 100 g，最多不能超过 200 g。

（2）块根和块茎代替部分谷实料。按干物质计算，块根与相应谷实所含代谢能相等，成本低。甜菜、胡萝卜、马铃薯都是很好的代用料。一岁以内，体重低于 250 kg 的牛最多能用块根饲料代替一半精料；体重 250 kg 以上可大部分或全部用块根饲料代替精料。但由于全部用块根饲料代替精料要增加管理费，且得调整其他营养成分，在实践中应用得不多。

（3）粗饲料代替部分谷实料。用较低廉的粗饲料代替精料可节省精料，降低成本。尤其是用草粉、谷糠秕壳可收到较好效果。但不能过多，一般以 15%为宜，过多会降低日增重，延长育肥期，影响牛肉嫩度。

利用秸秆代替部分精料在国内已大量应用，特别是小麦秸秆、氨化玉米秸秆的应用更为广泛，并取得良好效果。粉碎后，应加入一定量的无机盐、维生素，若能加工成颗粒饲料，效果会更好。

4. 粗饲料为主的育肥

（1）青贮玉米为主的育肥法。青贮玉米是高能量饲料，蛋白质含量较低，一般不超过 2%。以青贮玉米为主要成分的日粮，要获得高日增重，要求搭配 1.5 kg 以上的混合精料。其参考配方见表 3-5。

表 3-5　体重 300～350 kg 肥育牛参考配方　　单位：kg

饲料	一阶段	二阶段	三阶段
青贮玉米	30	30	25
干草	5	5	5
混合精料	0.5	1.0	2.0
饲料级 NaCl	0.03	0.03	0.03
无机盐	0.04	0.04	0.04

注：肥育期为 90 d，每阶段各 30 d

青贮玉米为主的育肥法，增重的多少与干草的质量、混合精料中豆粕的含量有关。如果干草是苜蓿、沙打旺、红豆草、串叶松香草或优质禾本科牧草，精料中豆粕含量占一半以上，则日增重可达 1.2 kg 以上。

（2）干草为主的育肥法。在盛产干草的地区，秋冬季能够贮存大量优质干草，可采用干草肥育。具体方法是：优势干草随意采食，日加 1.5 kg 精料。干草的质量对增重效果起关键性作用，大量的生产实践证明，豆科和禾本科混合干草饲喂效果较好，而且还可节约精料。

（五）架子牛快速育肥

架子牛快速育肥也称后期集中育肥；是指犊牛断奶后，体重达到 300 kg 以上时，在较粗放的条件下饲养到 2～3 周岁，采用强度肥育方式，集中肥育 3～4 个月，充分利用牛补偿生长的特点，达到理想体重和膘情后屠宰的育肥方法。

犊牛断奶后受营养水平的限制，饲养管理粗放，不能持续保持较高的增重速度，延长了饲养期，形成了“吊架子”阶段，此阶段属于幼牛“吊架子”期。“吊架子”的目的是使幼牛的“架子”搭起后，形成骨骼架子，一旦营养改善，促进肌肉生长，称为“架子牛”育肥。

1. 架子牛育肥的饲料类型

架子牛育肥的饲料类型，详见表 3-6。

表 3-6 架子牛育肥的饲料类型

类型		特点
粗饲料型	全放牧	以天然牧场为主的育肥方式。其饲养成本低、育肥效果好，易于在农牧区推广。我国南方天然牧场广阔，四季牧草丰富，更适宜全放牧饲养
	放牧加补饲	可充分利用当地资源，投资少，效益高。我国牧区、山区可采用。白天放牧，晚上（20：00 以后）可以补饲干草、精饲料或玉米，或进入枯草期，转入舍内进行舍饲育肥
	作物秸秆加补饲	农区有大量的作物秸秆，是廉价的饲料资源，玉米秸秆可以粉碎后使用，小麦秸秆、稻草经过化学、生物学处理后饲用，补充适量精饲料进行育肥
	青贮饲料加精饲料	广大农区，可以用玉米秸秆制作青贮，适当补充精饲料进行喂牛育肥
	糟渣类加精饲料	以酿酒、制粉、制糖的副产品糟渣为主，适当补充精饲料进行喂牛育肥。适用于农区和农产品加工区
精饲料型	精饲料为主	使用高能饲粮进行强度育肥，但育肥过程中给以一定量粗饲料（精饲料用量很大而粗饲料用量很小）。前期每日精饲料采食量达到体重 1.2%，粗饲料自由采食；后期粗饲料比例缩小，控制在 10%～20%
	前粗后精	育肥前期以粗饲料为主，后期以精饲料为主。育肥期消耗饲料少，后期增重快，出栏体重大，肉质好

2. 架子牛吊架子期的饲养管理

（1）吊架子期饲养。架子牛是我国农牧区普遍存在、传统肉牛饲养方式的产物。“吊架子”阶段的饲养目标是促进幼牛骨骼、肌肉生长发育，体重达 300～400 kg。“吊架子”期日增重 0.6～0.8 kg，不得低于 0.4 kg。架子牛的营养需要由维持和生长发育速度两方面决定。根据补偿生长的规律，在架子阶段的平均日增重，一般大型品种牛不低于 0.45 kg，小型品种牛不低于 0.35 kg。架子牛营养贫乏时间不宜过长，否则肌肉发育受阻，影响胴体质量，严重时，丧失补偿生长的机会，形成“小老头牛”。营养贫乏也使得消化器官代偿性地生长，内脏比例较大。当小型品种架子牛体重达到250～300 kg、大型品种架子牛体重在400 kg时，即可开始育肥。架子阶段拉得越长，用于维持营养需要的比例越大，经济效益越低。架子牛是消化器官发育的高峰阶段，饲料应以粗饲料为主，粗饲料过少，消化器官发育不良。架子牛体组织的生长以骨骼生长为主，日粮中的钙、磷含量及比例必须合适，以避免形成小架子牛，降低其经济价值。架子牛饲料以粗饲料为主，适当辅以精饲料，一般控制精、粗饲料之比为3∶7（精饲料1.5～2 kg），充分保证架子牛骨骼生长良好，即吊架子，减少脂肪沉积。应用粗饲料还可以降低饲养成本，所需的精饲料要注意蛋白质的含量（在18%以上），精饲料中蛋白质含量不足，能量较高时，增重的主要为脂肪，会大大降低架子牛的生产性能。待达300 kg以上时，再选择合适的饲养方法育肥。

利用草山、草坡放牧培育“架子牛”，每天采食的干物质为体重的2%左右。人工牧草或天然牧草养分随季节发生变化，春季牧草幼嫩，含蛋白质高，适口性好，幼牛日增重高；夏季牧草粗纤维含量不高，粗蛋白含量下降，但无氮浸出物和干物质含量较高，幼牛仍能保持较高日增重；秋季牧草开始枯萎，牧草质地变硬，适口性变差，蛋白质含量下降，不能满足幼牛生长所需。放牧可采用固定放牧和分区轮牧的方法。冬季放牧应注意保膘，要晚出牧、早归牧、充分利用中午暖和时间放牧，午后饮水，同时注意肉牛舍要向阳、保暖、小气候环境好，以免牛只体重下降。夏季放牧要早出牧，晚收牧，延长放牧时间，让牛多采食，同时应注意防暑。放牧饲养牛注意补充镁盐和饲料级 NaCl，定期测定幼牛体重情况，每天补充精饲料1～2 kg，若生长发育差，夜间补饲青草、精饲料，以保证其正常增重。还可制作尿素食盐踪砖，配方为尿素 40％、糖蜜 10％、饲料级 NaCl 47.5％、磷酸钠 2.5％，压成砖块，供牛舔食。舍饲培育架子牛首先应供给充足的青粗饲料，不足部分由精饲料补充，多喂蛋白质含量高的饲料和青草、豆类等。充分利用当地种植的人工牧草、野青草、秸秆、农副产品等饲喂育肥牛。为提高粗饲料利用率，对小麦秸秆、稻草等要进行氨化处理；玉米秸秆、红薯藤可切碎饲喂；大豆秸秆质地较硬，口感和利用率差；青绿饲料让牛自由采食。各种粗饲料每日每头消耗量如下：青绿饲料 15～40 kg，干草 5～6 kg，青贮饲料 10～20 kg，氨化秸秆 4～6 kg，糟粕类一般喂量 15～20 kg，酱糟因盐分含量高，饲喂时不宜多。干草铡成 5 cm 左右喂牛较好，可增加采食量。舍饲时，精饲料早晚各喂一次，夜间补饲粗饲料。若牛只采食干草而不采食青草，表明日粮中蛋白质过剩，应减少精饲料中蛋白质含量；相反，只采食青草而不采食干草时，表明蛋白质不足，需增加蛋白质量；若饲喂青草后还能采食大量精饲料，表明能量不足。饲喂顺序一般是先喂青草，再喂精饲料，最后投给干草。

（2）吊架子期管理。架子牛的饲养方式可以采取放牧饲养或舍饲饲养。舍饲可采取散放式，不可拴饲，充分利用竞食性提高采食量；采取放牧饲养可节约成本，在夏秋季节放牧，不需要补料也可获得正常日增重。放牧饲养要注意补充食盐，牧草中钾的含量是钠的几倍甚至十几倍，在放牧中采食牧草相应地会吸收大量的钾，容易引起缺钠症，补充食盐的最好方式是自由舔食盐砖，也可按每 100 kg 体重每天喂给 5～10 g，不能数天集中补一次。

（3）管理注意如下方面。①冬季应备足饲草。一般情况下，每头牛每年应备足青干草、稻草、玉米秸秆等饲草 1 500 kg 或青贮饲料 5 000 kg 左右；饲草要码垛好，严防风吹雨淋，确保饲草不霉烂变质；秸秆细铡，寸草三刀；应先喂草料，后喂精饲料；草料应多样化，青草、稻草、小麦秸秆、玉米秸秆和甘薯藤等混合搭配饲喂。②驱虫。架子牛阶段往往是比较寒冷的季节，周围的寄生虫等会聚集于牛体过冬，干扰牛群并使牛体消瘦、致病，牛皮等产品质量下降。应在春秋两季各进行一次体内外驱虫，可选用下列药物：虫克星（阿福丁，有效成分为阿维菌素）粉剂每 100 kg 体重 10 mg，灌服或拌于饲料中喂给，也可用虫克星针剂皮下注射，剂量为 100 kg 体重 0.2 mL；左旋咪唑，剂量为 8 mg/kg 体重，混料喂服、饮水内服或溶水灌服，也可配成 5%注射液，进行皮下或肌内注射；枸橼酸哌嗪，剂量为 0.2 g/kg 体重，混饲或饮水，内服；丙硫苯咪唑，剂量为 10～20 mg/kg 体重，混饲喂服或制成水悬液，口服。③饮水。由于架子牛是以粗饲料饲养为主，食糜的转移、消化吸收、反刍等都需要大量的水，应供给洁净、充足的温水。自由饮水时，控制水温不结冰即可。④称重。每月或隔月称重，检查牛体生长情况，作为调整日粮的依据，避免形成僵牛。⑤运动。架子牛有活泼好动的特点，但主要用于育肥，一般不强调运动，可把放牧当作一种运动的方式。⑥公母分群。混群放牧影响牛的增重，乱配会降低后代质量，在无法分群的情况下，给公牛去势（若为了育肥效果好，可做部分附睾的切割）。舍饲时公母牛分舍饲喂，以提高饲养效果。在管理上主要是根据自身的牛品种、体重、饲料资源、架子牛市场价格、饲料价格和自身的圈舍条件确定是出售还是自育肥或确定何时出售。一般来说本地牛或小型品种杂交牛体重达 280～300 kg 就可以进行育肥或出售，大型牛最好达到 400 kg。

3. 架子牛的选购和运输

架子牛的优劣直接决定着育肥效果与效益。选择的主要原则是架子牛是否具有生长的潜力。

（1）选择架子牛的一般要求。年龄在 1.5 岁左右、体重 350 kg 左右、体格高大、身体健康、精神饱满的优良肉牛品种与本地牛的杂交牛，源于非疫区。选择夏洛来、西门塔尔等国际优良品种与本地黄牛的杂交后代，年龄在 1～3 岁，体型大、皮松软（用手摸脊背，其皮肤松软有弹性，像橡皮筋；或将手插入后裆，一抓一大把，皮多松软，这样的牛上膘快、增肉多），膘情较好，体重在 300～350 kg，健康无病。体重在 300～350 kg 一般经过 4～5 个月的育肥，体重就可以达到 450～550 kg。如果体重 180～200 kg，则需要 9 个月。

（2）如果饲养规模在 50 头以下，可以在本地择优选购，这样购得架子牛适应快，健康；如果规模在 100 头以上，可以到牛源足的地方选购。要对牛源地区架子牛的品种、货源数量、价格、免疫及疫病情况进行详细了解（品种不好、免疫混乱和疫病流行的坚决不要）。对供牛地交易手续和交易费进行了解，最好采用过磅方式购买。灌过水的牛不能要。对牛的产地要了解。如草原牧区牛寄生虫感染严重，购回后应适时驱虫。

（3）购买架子牛前做好准备。①计划好费用；②联系好产地和牛源；③准备好各种证件，如准运证、税收证明和当地兽医站提供的有关证明以及车辆消毒证明、肉牛运输检疫证明等。

（4）购买好架子牛。通过当地的检疫部门对所购牛进行认真检疫，注射有关疫苗，戴齐耳标。检疫合格后，正确、准确地出具检疫证、车辆消毒证等，在购买地隔离饲养 15 d，确认无疫病时方可运输。

（5）运输前让牛休息，饲喂一些优质干草，给予充足饮水，饮水中添加电解质多维。在装运前 3～4 h 停止饲喂和避免过量饮水。

（6）装车时逐头牵上车，不要猛打惊吓牛，车底铺上厚垫料。

装车后不拴系，散开放置。一般普通汽车可以装 250～350 kg 架子牛 35 头（数量少时，可以用挡板或绳索将牛固定在较小范围内，避免运输过程中空间过大而相互碰撞），冬夏密度适当掌握。装车后要关好车厢门。行车 1 h 要停车检车一次，行驶 1 500km 以上路程，途中要给牛饮水（水中添加 0.02%～0.05%维生素 C 和每天每 100 kg 体重供给牛氯化钾 20～30 g）。运输过程中注意环境条件，春秋气温适宜，冬夏要做好保暖和防暑。

（7）卸车点最好备有卸车台。卸车后不要马上饲喂和饮水，让牛休息。1～2 h 后供给少量饮水，2 h 后供给少量优质牧草或秸秆，3～4 h 后可以自由饮水。

（8）隔离饲养 1 个月，确定无传染病时可以混入健康群饲养。

4. 育肥前的准备

（1）肉牛舍准备。购牛前 1 周，应将肉牛舍粪便清除，用水清洗后，用 2%火碱溶液对肉牛舍地面、墙壁进行喷洒消毒，用 0.1%高锰酸钾溶液对器具进行消毒，最后再用清水清洗一遍。如果是敞圈肉牛舍，夏季应搭棚遮阴，通风良好，冬季应扣塑膜暖棚，使其温度不低于 5 ℃。

（2）准备好饲料饲草。将青贮玉米秸秆作为饲草，每头牛 7 000 kg，并准备一定数量的氨化秸秆、青干草等。有条件的最好种植一些优质牧草；精饲料应准备玉米、饼粕类、糠麸类、矿物质饲料和添加剂饲料等。

（3）其他准备。准备好人员、资金、水电、设备用具等。

5. 驱虫健胃

（1）驱虫。架子牛入场的第 5～6 天进行驱虫。常用的驱虫药物有阿弗米丁、丙硫苯咪唑、敌百虫、左旋咪唑等。应在空腹时进行，以利于药物吸收。驱虫后，架子牛应隔离饲养 2 周，其粪便消毒后，进行无害化处理。

（2）健胃。驱虫 3 d 后，为增加食欲，改善消化机能，应进行一次健胃。常用于健胃的药物是人工盐，其口服剂量为 60～100 g/（头·次）。对个别瘦弱牛灌服酵母片 50～100 片。

6. 饲养

（1）适应期的饲养。从外地引来的架子牛，由于各种条件的改变，要经过 1 个月的适应期。首先让牛安静休息几天，然后饮 1％的食盐水，喂一些青干草及青鲜饲料。对大便干燥、小便赤黄的牛，用牛黄清火丸调理肠胃。15 d 左右进行疫苗注射，并开始采用氨化秸秆饲料（干草）＋青绿饲料＋混合精饲料的育肥方式，可取得较好的效果。日粮精饲料量 0.3～0.5 kg/头，10～15 d 内，增加到 2 kg/头（精饲料配方：玉米 70％、饼粕类 20.5％、麦麸 5％、贝壳粉或石粉 3％、饲料级 NaCl 1.5％，若有专门添加剂更好。注意：棉籽饼和菜籽饼须经脱毒处理后才能使用）。

（2）过渡育肥期的饲养。经过 1 个月的适应期，开始向强化催肥期过渡。这一阶段是牛生长发育最旺盛时期，一般为 2 个月。每日喂上述的精饲料配方，开始为 2 kg/d，逐渐增加到 3.5 kg/d，直到体重达到 350 kg，这时喂精饲料 2.5～4.5 kg/d。也可每月称重 1 次，按活体重 1％～1.5％逐渐增加精饲料。粗、精饲料比例开始可为 3∶1，中期 2∶1，后期 1∶1。每天的 6：00 和 17：00 分 2 次饲喂。投喂时绝不能 1 次添加，要分次勤添，先喂一半粗饲料，再喂精饲料，或将精饲料拌入粗饲料中投喂。并注意随时拣出饲料中的钉子、塑料等杂物。喂完料后 1 h，把清洁水放入饲槽中供自由饮用。

（3）强化催肥期饲养。经过过渡育肥期，牛的骨架基本定型，到了最后强化催肥阶段，日粮以精饲料为主，按体重的 1.5％～2％

喂料，粗、精饲料比 1∶（2～3），另外，喂干草 2.5～8 kg/d，体重达到 500 kg 左右适时出栏。精饲料配方：玉米 84.2%、饼粕类 11%、尿素 1.3%、石粉 1.7%、饲料级 NaCl 1%、碳酸氢钠 0.5%、添加剂 0.3%。育肥前期，饮水 3 次/d，后期饮水 4 次/d，一般在饲喂后饮水。

我国架子牛育肥的日粮以青粗饲料或酒糟、甜菜渣等加工副产物为主，适当补饲精饲料。精、粗饲料比例按干物质计算为 1∶（1.2～1.5），每日干物质采食量为体重的 2.5%～3%。其参考配方见表 3-7。

表 3-7 架子牛育肥参考日粮配方

天数/d	干草、青贮玉米秸秆/kg	酒糟/kg	玉米粗粉/kg	饼粕类/kg	盐/g
1～15	6～8	5～6	1.5	0.5	50
16～30	4	12～15	1.5	0.5	50
31～60	4	16～18	1.5	0.5	50
61～100	4	18～20	1.5	0.5	50

7. 管理育肥架子牛应采用短缰拴系，限制活动

缰绳长以 0.6～1 m 为宜，使牛不便趴卧，俗称“养牛站”。饲喂要定时定量，先粗后精，少给勤添。每天上、下午各刷拭 1 次。经常观察粪便，如果粪便无光泽，说明精饲料少，如果粪便稀或有料粒，则说明精饲料太多或消化不良，要搞好环境卫生。育肥牛出栏后的空圈应全面清洁消毒，肉牛舍每月用 2%～3%的火碱水溶液彻底喷洒 1 次，及时清理舍内粪污等，保持适宜温热环境。温度低于 0 ℃时要采取保温措施，高于 27 ℃时要采取防暑措施。根据牛的体重和市场行情适时出栏。

8. 其他管理措施

（1）架子牛槽位的固定。架子牛槽位应长期固定，减少应激。

牛有认识槽位的能力和习惯，新进肉牛舍，将牛拴在槽位上 3～5 d 再放开，牛基本就可以认识槽位，回舍后就会回到该位置。如果认不准的可以重复几次即可。

（2）“五看”“五净”“一短”。“五看”指看育肥牛的采食、饮水、粪尿、反刍和精神状态是否正常，发现异常要及时采取措施。“五净”指草料净（不含沙石、铁丝、塑料布，不霉变，不受有毒有害物质污染）、饲槽净（牛下槽后要立即清扫饲槽）、饮水净（饮水卫生）、牛体净（经常刷拭牛体）、圈舍净（圈舍勤垫草、勤除粪，保持舍内空气清洁和冬暖夏凉）。“一短”指缰绳短，舍饲条件下，用 0.6～1 m 的绳子拴系饲养有利于提高增重。缰绳拴系在饲槽的槽缘下面，既保证肉牛采食、休息，又避免爬槽和爬胯其他牛。

（3）冬季管理技巧。肉牛需要的适宜温度为 8～16 ℃，冬季气温在 0 ℃以下容易引起肉牛增重降低。管理技巧：一是保证舍温，冬季到来前检修肉牛舍，使用塑料布等保温材料封闭肉牛舍，窗户安装玻璃或透明的塑料布。二是加强营养，饲养标准可以提高 10%～15%，即增加 10%的精饲料，粗饲料也要增加，让肉牛充分采食。三是饮足温水，水温为：成年牛 12～14 ℃，母牛、怀孕牛 15～16 ℃，犊牛 35～38 ℃。四是补足食盐，除按照日粮 1%比例加入食盐外，可以专设食盐槽，让牛自由舔食。五是加强运动，每天中午前后将牛赶出舍外活动。六是搞好卫生，刷拭牛体 2～3 次/d，保持圈舍卫生，冬季驱虫一次。

（六）淘汰奶牛的育肥

由于奶牛淘汰原因很多，情况较为复杂，因此，不是所有的淘汰奶牛都适合育肥，应按照标准进行选择。

1. 年龄

经产牛应在8岁以下（不超过6产），年龄过大不适合育肥。

2. 体型外观

要求体型大、健康、食欲强、背腰平直、四肢强健。瘦弱、体型小、弓腰或塌背、神经质的牛不适合育肥。

3. 健康

一定要来自非疫区，无任何传染病，引进时要有当地兽医部门的检疫证明。重度乳房炎、重度肢蹄病、采食困难、患有难以治愈的胃肠道疾病或全身性疾病者不适合育肥。

四、常用育肥方法

1. 快速育肥

架子牛（图3-22）育肥之前，按一般饲养方法让牛正常生长发育，选择最有利的育肥时机进入育肥。吊架子期间因为日增重不高，一般农村条件均可达到。例如，目标育肥要求出栏年龄3岁以下，体重600 kg以上，可选用2周岁以下、体重达到380 kg以上的架子牛，以日增重1 000 g育肥，3个月即可达到出栏体重。具体方案是，可以利用青草季的最后3个月放牧。每天回圈于夜间补饲1.5～2 kg/头精料，以便获得700 g以上的日增重。第三个月改为

图3-22　架子牛

舍饲，青草不限量，日补精料 3 kg 以便获得 900 g 以上的日增重，根据膘情的改善和体重来决定出栏日期。放牧育肥效果受牧草丰茂、草的质量、放牧行走的距离和起伏坡度等因素影响，往往不尽如人意。若牛的膘情或体重不足，则顺延育肥期。

舍饲育肥成本高，但在相同精料下可较放牧育肥多增重达 10% 以上。舍饲育肥有三种饲养方式：其一，每日定时上槽 2 次，下槽放于运动场自由活动、自由饮水（饮水 1～2 次，拴于舍外）；其二，散放饲养，每个小围栏 10 头牛，自由采食和自由饮水；其三，全天拴系，自由采食和自由饮水，定时补料。

利用农副产品与干草、青贮搭配育肥，要增加精饲料。秸秆若经过氨化处理可节省精料，达到近乎青草育肥的效果。全粮食白酒糟、豆腐渣、甜菜渣等，可当作精料用于育肥。一般含籽实壳 50% 左右的酒糟、醋糟日喂量最高不得超过日粮的 25%（按干物质计算），这类渣糟的水分含量变动很大。若按风干物计算，则每喂 1 kg 可节省精料 0.2～0.3 kg。

育肥用架子牛应根据健康状况、体形以及好的遗传素质等来选择，其要领可归纳为三点：一看、二触、三选择。“一看”，就是看牛的健康状况，外表上看应该精神、有力、活泼，被毛光亮，无眼屎，鼻镜湿润有水珠，排便正常，腹部不膨大。“二触”，就是摸摸牛体，提提牛皮。看牛的被毛是否柔软细密，牛皮是否松弛不紧绷。“三选择”，就是要选择与它的年龄相称，身体各部位应匀称，头不算太大，前腿、前胸宽而有力，体高而且蹄子健康。

新购买架子牛的饲养管理：

（1）新购入架子牛进场后应隔离饲养 15 d 以上。防止随牛引入疫病。

（2）饮水。由于运输途中饮水困难，架子牛往往会发生严重缺水。因此，架子牛进入围栏后要掌握好饮水。第一次饮水量以 10～15 kg 为宜，可加入饲料级 NaCl（每头 100 g）；第二次饮水在第一次饮水后的 3～4 h，饮水时，水中可加些麸皮。

（3）粗饲料饲喂方法。首先饲喂优质青干草、秸秆、青贮饲料，第一次喂量应限制，每头 4～5 kg；第二、第三天以后可以逐渐增加喂量，8～10 kg/（d·头）；第五、第六天以后可以自由采食。

（4）饲喂精饲料方法。架子牛进场后 4～5 d 可以饲喂混合精饲料，混合精饲料的量由少到多，逐渐添加，10 d 后可喂给正常供给量。

（5）分群饲养。按大小强弱分群饲养，每群牛数量以 10～15 头较好，傍晚时分群容易成功。分群的当天应有专人值班观察，发现格斗，应及时处理。牛围栏要干燥，分群前围栏内铺垫草。每头牛占围栏面积 4～5 m^2。

（6）驱虫。体外寄生虫可使牛采食量减少，抑制增重和育肥期增长。体内寄生虫会吸收肠道食糜中的营养物质，影响育肥牛的生长和育肥效果。一般可选用阿维菌素，一次用药同时驱杀体内外多种寄生虫。驱虫可从牛入场的第 5～6 天进行，驱虫 3 日后，每头牛口服健胃散 350～400 g 健胃。驱虫可每隔 2～3 个月进行一次。如购牛是秋天，还应注射倍硫磷，以防治牛皮蝇。

（7）其他。根据当地疫病流行情况，进行疫苗注射。勤观察架子牛的采食、反刍、粪尿、精神状态。

2. 一贯育肥

一贯育肥也称为持续育肥，广泛用于美国、加拿大和英国。使用这种方法，日粮中精料大约占总营养物质的 50%以上。犊牛出生后即用高能量以及配合代乳料饲喂，使犊牛日增重达到 1 000 g，120

日龄体重达到 180 kg 以上或 7 月龄体重达到 280 kg 以上屠宰。这种育肥耗费乳品和精料较多，可根据星级旅游饭店的特殊要求，以销定产。

犊牛出生后，随母哺乳或人工哺育。在良好的补饲条件下，使 180 日龄体重达到 180 kg 以上，断奶后精料补喂量占日粮 35%～45%。到周岁时体重达到 400 kg 以上，即平均日增重在 1 kg 左右，获得优质的肥犊牛肉。其成本较“白肉”低得多，而且能充分地利用牛的产肉潜力，但仍应以星级旅游饭店为主要消费对象，以销定产为宜。

3. 成年牛育肥

成年牛育肥（图 3-23）的对象以培育的西门塔尔杂种牛为主，这类牛生长发育良好，复膘和增加脂肪的沉积量较大，牛肉的香气滋味和嫩度得到较大改善。育肥之前应对育肥牛做全面的健康检查。治疗无效的严重疾病牛、过老且采食困难的牛不必育肥，否则浪费饲草料。

图 3-23　成年牛育肥

成年牛育肥需要营养超过维持需要，只有增重才能达到育肥效果。瘦牛的增重以肌肉体积和重量的恢复为主，生长脂肪为辅；中等膘情、体质正常的牛，其增重则几乎都是脂肪。所以，成年牛育肥最好考虑将来的用途。若用来直接加工肉制品的，则牛不必太肥，以免浪费饲料。因此，可采取低日增重育肥，让其肌肉组织充分恢复达中上等膘即屠宰。舍饲需要供给全日粮混合饲料，充分利用优质牧草即可达到育肥目的。并科学地利用氨化秸秆、青干草等搭配舍饲，每头牛每天补 3～

5 kg 配合料，以获得 1 200～1 400 g 日增重，即可达到目的。这样育肥需 2～4 个月。

若计划作鲜肉出售，则必须考虑牛肉的嫩度和口味。在设计育肥方案时，要求取得较高的日增重，使肉变嫩，滋味香美。低日增重不能达到此目的，应按高于 1 kg 日增重安排日粮。例如，全舍饲夏季饲喂精饲料 4 kg/（d·头）以上，冬季补料 5 kg/（d·头）以上，若结合糟渣类和块根块茎类则更好，可减少精料用量。一般育肥期为 2～3 个月，当育肥牛达到上等膘情即可出栏。

五、肉牛育肥方式

1. 放牧育肥

放牧育肥（图 3-24）是指从犊牛到出栏牛，完全采用草地放牧而不补充任何饲料的育肥方式，也称草地畜牧业。这种育肥方式适于人口较少、土地充足、草地广阔、降雨量充沛、牧草丰盛的牧区和部分半农半牧区。例如新西兰肉牛育肥基本上以这种方式为主，一般自出生到 18 月龄，体重达 400 kg 便可出栏。如果有较大面积的草山草坡可以种植牧草，在夏天青草期除供放牧外，还可保留一

图 3-24　放牧育肥

部分草地，收割调制青干草或青贮料，作为越冬饲用。这种方式也可称为放牧育肥，且最为经济，但饲养周期长。

2. 半舍饲半放牧育肥

夏季青草期牛群采取放牧育肥，寒冷干旱的枯草期把牛群于舍内圈养，这种半集约式的育肥方式称为半舍饲育肥。此法通常适用于热带地区，因为当地夏季牧草丰盛，可以满足肉牛生长发育的需要，而冬季低温少雨，牧草生长不良或不能生长。新疆南北两疆，也可采用这种方式。但由于牧草不如热带丰盛，故夏季一般采用白天放牧，晚间舍饲，并补充一定精料，冬季则全天舍饲。

采用半舍饲半放牧育肥应将母牛控制在夏季牧草期开始时分娩，犊牛出生后，随母牛放牧自然哺乳，这样，因母牛在夏季有优良青嫩牧草可供采食，故泌乳量充足，能哺育出健康犊牛。当犊牛生长至 5～6 个月龄时，断奶重达 100～150 kg，随后采用舍饲，补充一点精料过冬。在第二年青草期，采用放牧育肥，冬季再回到牛舍舍饲 3～4 个月即可达到出栏标准。

此法的优点是：可利用最廉价的草地放牧，犊牛断奶后可以低营养过冬，第二年在青草期放牧能获得较理想的补偿增长。在屠宰前有 3～4 个月的舍饲育肥，胴体优良。

3. 舍饲育肥

肉牛从出生到屠宰全部实行圈养的育肥方式称为舍饲育肥。舍饲的突出优点是使用土地少，饲养周期短，牛肉质量好，经济效益高。缺点是投资多，需较多的精料。适用于人口多、土地少、经济较发达的地区。

舍饲育肥方式又可分为拴饲和群饲。

(1) 拴饲（图 3-25）。舍饲育肥较多的肉牛时，每头牛分别拴系给料称为拴饲。其优点是便于管理，能保证同期增重，饲料报酬高。缺点是运动少，影响生理发育，不利于育肥前期增重。一般情况下，给料量一定时，拴饲效果较好。

图 3-25　拴饲育肥

（2）群饲（图 3-26）。一般六头为一群，每头占地 4 m×2 m。为避免斗架，育肥初期可多些，然后逐渐减少头数。或者在给料时，用链或连动式颈枷保定。如在采食时不保定，可设简易牛栏像小室那样，将牛分开自由采食，以防止抢食而造成增重不均。但如果发现有被挤出采食行列而怯食的牛，应另设饲槽单独喂养。群饲的优点是节省劳动力，牛不受约束，利于生理发育。缺点是一旦抢食，体重会参差不齐；在限量饲喂时，应该用于增重的饲料反转到运动上，降低了饲料报酬。当饲料充分，自由采食时，群饲效果较好。

图 3-26　群饲育肥

六、高档牛肉生产

1. 生长阶段

生产高档牛肉需在牛不同的生长阶段供给不同的饲料，提供不同营养。可以用三句话来形象归纳：育成期间，粗饲料，消化器官快快长；育肥前期，配合料，肌肉生长快起来；育肥后期，能量料，肌间脂肪沉积好。

(1) 育成期（4～12月龄）是牛骨骼、内脏等组织发育的活跃时期。供给的粗饲料含量要达到14%～16%，可消化营养总量(TDN) 68%～70%；配合饲料按体重的1.2%～1.5%限制供给。在此期间，应限制配合饲料饲喂，增大粗饲料的供应量。

(2) 育肥前期（13～18月龄）是育成期限制饲喂的补偿增重最高的时期，体重300～450 kg。育肥前要进行限饲，供给饲料中粗蛋白质（CP）11%～12%，可消化营养总量（TDN）71%～72%，配合饲料的饲喂量是体重的1.72%～1.8%。

(3) 育肥后期（19月龄至出售）要饲喂高能饲料，可消化营养总量（TDN）达到72%～73%；后期粗饲料和配合饲料都可采用自由采食。后期供给大麦饲料，可提高肉的脂肪度，且脂肪色泽发白；粗饲料用干草或稻草，不宜饲喂青贮饲料或青草。

2. 高档牛肉标准

(1) 年龄与体重要求。牛年龄在30月龄以内；屠宰活重为500 kg以上；达满膘，体形呈长方形，腹部下垂，背平宽，皮较厚，皮下有较厚的脂肪。

(2) 胴体及肉质要求。胴体表面脂肪的覆盖率达80%以上，背部脂肪厚度为8～10 mm以上，第12、第13肋骨脂肪厚为10～13 mm，脂肪洁白、坚挺；胴体外型无缺损；肉质柔嫩多汁，剪切值在 3.62 kg 以下的出现次数应在 65%以上；大理石花纹明显；每条牛柳 2 kg 以上，每条西冷 5 kg 以上，符合西餐要求。

3. 高档牛肉生产模式

高档牛肉生产应实行产加销一体化经营方式，在具体工作中重点把握以下几个环节。

（1）建立架子牛生产基地。生产高档牛肉，必须建立肉牛基地，以保证架子牛牛源供应。基地建设应注意以下两点：①品种：高档牛肉对肉牛品种要求并不十分严格，据实验测定，我国现有的地方良种或它们与引进的国外肉用、兼用品种牛的杂交牛，经良好饲养，均可达到进口高档牛肉水平，都可以作为高档牛肉的牛源。育肥前应将公牛去势。②饲养管理：根据我国生产力水平，现阶段架子牛饲养应以专业乡、专业村、专业户为主，采用半舍饲半放牧的饲养方式，夏季白天放牧，晚间舍饲，补饲少量精料，冬季全天舍饲，寒冷地区扣上塑膜暖棚。舍饲阶段，饲料以秸秆、牧草为主，适当添加一定量的酒糟和少量的玉米粗粉、豆饼。

（2）建立育肥牛场。生产高档牛肉应建立育肥牛场，当架子牛饲养到 12～20 月龄，体重达 300 kg 左右时，集中到育肥场育肥。育肥前期，采取粗料日粮过渡饲养 1～2 周。然后采用全价配合日粮并应用增重剂和添加剂，实行短缰拴系，自由采食，自由饮水。经 150 d 一般饲养阶段后，每头牛在原有配合日粮中增喂大麦 1～2 kg，采用高能日粮，再强度育肥 120 d，即可出栏屠宰。

（3）出栏最适期和方法。一般来说，以高档肉生产技术饲养的牛，肌内脂肪含量直线上升一直到 24 月龄为止。因此，24 个月龄为较合适的出栏时间。但饲养者的技术水平、饲料费用等随市场波动的因素也应该综合考虑，在牛价下降、收入减少时出售体重小一些的牛；相反牛价上升时，出售体重大的。出售方法的选择现在普遍的方法是按牛的活重卖给肉牛商。但如果育肥效果好，出肉率高，就应该按出肉率和副产品价格区分进行结算比较合算。另外也可以发展以畜-宰-消为主体的高档肉生产模式，饲养者可以把高档肉直接卖到高档肉专卖店，建立自己的品牌。

（4）去势。也就是阉割，是提高牛肉品质的一种有效方法，通过去势可以提高肉品质等级。在牛育肥期间，去势除了能使肌内脂肪度增加、肌纤维变细、肉的嫩度增加外，还可以使牛的性格变得温顺，从而易于饲养管理。去势方法通常有三种：皮筋法、无血去势法和外科手术法。皮筋法和无血去势法简单、易掌握操作，但牛遭受痛苦、刺激时间较长。外科手术法给犊牛去势刺激最小，但需要有经验的兽医师操作。去势的时间，一般情况下，月龄越小越好，体重越小越好，在哺乳期内进行最好。农户家养的犊牛可在出生后2～3月龄时去势；育肥场把犊牛运输到场，应在3～4月龄及时进行去势。

（5）建立现代化肉牛屠宰场。高档牛肉生产有别于一般牛肉生产，屠宰企业无论是屠宰设备、胴体处理设备、胴体分割设备、冷藏设备、运输设备应均需达到较高的现代水平。根据各地的生产实践，高档牛肉生产屠宰要注意以下几点：①肉牛的屠宰年龄必须在30月龄以内，30月龄以上的肉牛，一般是不能生产出高档牛肉的。②屠宰体重在500 kg以上，因牛肉的绝对重量与体重呈正相关，体重越大，肉块的绝对重量也越大。其中：牛柳重量占屠宰活重的0.84%～0.97%，西冷重量占1.92%～2.12%，去骨眼肉重量占5.3%～5.4%，这三块肉产值可达一头牛总产值的50%左右；臀肉、大米龙、小米龙、膝圆、腰肉的重量占屠宰活重的8.0%～10.9%，这五块肉的产值占一头牛产值的15%～17%。③屠宰胴体要进行成熟处理。普通牛肉生产实行热胴体剔骨，而高档牛肉生产则不能，胴体要在温度 0～4 ℃条件下吊挂 7～9 d 后才能剔骨。这一过程也称胴体排酸，对提高牛肉嫩度极为有效。④胴体分割要按照用户要求进行。一般情况下，牛肉分割为高档牛肉、优质牛肉和普通牛肉三部分。高档牛肉包括牛柳、西冷和眼肉三块；优质牛肉包括臀肉、大米龙、小米龙、膝圆、腰肉、腱子肉等；普通牛肉包括前躯肉、脖领肉、牛腩等。

4. 饲养管理要点

（1）牛的选择。选择我国地方良种黄牛作母本与肉牛品种、兼用品种父本杂交的后代。育成牛 180～200 kg，经 6～8 个月育肥，体重可达 450 kg 以上；体重 300～350 kg 的架子牛，育肥期 4～5 个月，体重可达 500 kg 以上；体重 400～500 kg 的大架子牛，育肥期 3～4 个月，体重可达 550 kg 以上。所选的牛小于 1.5 岁一般不去势，架子牛生长发育良好，健康无病，后躯发育好，身体低垂，体宽而深，四肢正立，整个体形呈长方形。

（2）育肥前的准备工作。对选用的牛进行 10～15 d 的隔离和观察。观察其饮食、粪便、反刍是否正常，进行布鲁氏菌病、结核病的检疫，病牛予以淘汰；对育肥牛用敌百虫（40 mg/kg 体重）、左旋咪唑（8 mg/kg 体重）、硫氯酚（60 mg/kg 体重）一次性灌服进行驱虫，驱虫后 3 d 灌服健胃散 500 g/次，1 次/d，连服 2～3 d；对每头牛进行编号，可用耳标标记，以便记录和管理。根据体重、年龄进行合理分群，使每群牛的差异达到最小，以利于饲养管理。

（3）育肥期饲养。用于生产高档牛肉的肉牛必须经过 100～150 d 的强度育肥。犊牛及架子牛阶段可以放牧饲养，也可围栏或拴系饲养，最后必须经过 100～150 d 的强度育肥，日粮以精饲料为主。在育肥期所用饲料也必须是品质较好的，对改进胴体品质有利的饲料。放牧饲养时育肥后期一定要采用强度育肥技术饲养。

（4）育肥期长短。依牛只年龄、性别、屠宰时年龄和营养水平而定，并应顾及经济效益。生产高档牛肉所需要的育肥时间视牛的肥度状况而定，一般为8～13个月。

（5）育肥期可分为2个阶段：增重期和肉品质改善期。前期为增重期，育肥4～6个月，此期饲养的主要目的是促进肌肉的生长，尽量增加优质肉块的比例；后期为肉品质改善期，育肥2～6个月，此期饲养的主要目的是向肌纤维间沉积脂肪。育肥牛可按舍饲或放牧育肥或放牧补饲的方法进行饲养管理，并参照《无公害食品　肉牛饲养管理准则》执行，饲养中的疾病防治用药符合《无公害食品　肉牛饲养兽药使用准则》。

增重期：育肥牛购进后，需经过1个月左右的适应期，使其逐步适应以精饲料为主的饲养方式，如果是未去势的牛，去势后的恢复期可以作为适应期。适应期内精饲料饲喂量应由少到多逐渐增加，7～10 d达到规定喂量，粗饲料要保持均衡供应，不要轻易更换。增重期的参考精饲料配方：玉米粉60%，豆粕5%，棉籽饼22%，麸皮8%，磷酸氢钙2%，饲料级NaCl 1%，小苏打1%，微量元素、维生素预混料和添加剂1%。每100 kg体重喂1.2 kg混合精饲料，精饲料占总日粮的50%～60%。粗饲料以青贮玉米秸秆、氨化小麦秸秆、氨化稻草、干草等为主，可以使用糟渣类饲料，粗饲料占总日粮的40%～50%。

肉品质改善期：育肥牛体重达到450～500 kg时即可逐步换成肉品质改善期的日粮，此时，肉牛的增重逐渐变慢，主要以沉积脂肪为主，以形成肌肉的大理石花纹。肉品质改善期的参考精饲料配方：玉米面62%，大麦10%，豆粕5%，棉仁粕8%，麸皮10%，磷酸氢钙2%，饲料级NaCl 1%，小苏打1%，微量元素、维生素预混料和添加剂1%。每100 kg体重喂1.2～1.3 kg混合精饲料，精饲料占总日粮的60%～70%，粗饲料占日粮的30%～40%。育肥期管理采用“五定”管理方式。细致观察和发现异常情况，并及时处理；肉牛舍、牛槽及牛床保持清洁卫生，肉牛舍每月用2%～3%的火碱水溶液彻底喷洒1次，出栏后彻底清洁消毒，进入圈舍的设备、用具和人员要消毒；做好冬季防寒和夏季防暑工作，保持适宜环境；饮水2次/d，夏季中午补充1次，饮水2 h/次，保持饮水卫生；每天刷拭牛体。体重达到550～600 kg时出栏。

七、经验之谈

（一）养殖户问：如何选择适宜的育肥季节？

专家回答：肉牛生活的最适环境温度为7～27 ℃，相对湿度为65%～70%，温度过高会使肉牛产生热应激，不但对育肥不利，对肉牛的健康也会产生不良的影响。因此，育肥季节最好选择在气温低于30 ℃的时期。适宜的温度对增加肉牛的采食量、提高饲料的利用率起到很好的促进作用，还可以减少蚊蝇等体外寄生虫对牛体的侵扰，减少肉牛体能的损耗，对育肥有利。适宜肉牛育肥的季节为春季和秋季，且出栏时以秋末为最佳，冬季过低的温度以及夏季过高的温度都不利肉牛增重。如果选择在冬季和夏季育肥肉牛时，则要做好防暑和御寒的工作，将牛舍温度调整到最适合肉牛育肥的温度。

（二）养殖户问：如何将育肥期饲养管理做精做细，取得更高效益？

专家回答：从以下几个方面把育肥期饲养管理做精做细。

（1）围栏散养。在12月龄前的生长阶段给予充分运动空间，促进生长发育。从农户收购，进场初期的隔离观察阶段，应完成编号、驱虫、防疫、阉割等工作。

（2）分群饲养。在6月龄左右根据个体生长发育情况，以月龄、性别、体重和体况分群（15～20头/群）。育肥过渡期结束时，或12月龄左右，完成由大群向小群围栏过渡，以后育肥过程中不再组群、分群和转舍，避免不必要的应激，影响生长发育。小群6～8头为宜，直至出栏保持稳定，且小围栏只出不进。组群、分群和转舍必须在傍晚时分进行，分群后待牛群安静，逐头观察无异常后技术员方可离开，并立即关灯，保持黑暗，减少殴斗。

（3）建立档案。定期2个月称重、测量体长，此项与防疫、转舍等工作相结合，且应在转舍或分栏通道进行。建立育肥牛个体档案，并以此为依据，检验饲养管理效果，及时调整日粮配方，加强成本核算，提高管理水平。

（4）自由饮水。保持水槽24 h有水，至少一周清洗一次水槽。规模育肥场在围栏外安装自动饮水槽，能较长期保持干净卫生，且易清洗，无交叉污染。

（5）驱虫防病。在观察和育肥过渡期用肌内注射广谱高效抗寄生虫药，如阿维菌素、伊维菌素，用量为0.02 mL/kg体重。驱虫3 d后，清圈，健胃。体外寄生虫可用2%～4%的杀灭菊酯，在天气晴朗时，淋浴杀虫，既可杀死体表蜱等寄生虫，也有避蚊蝇作用。

（6）日粮更替。饲草、饲料种类的更换必须有7～15 d的过渡时间，以适应瘤胃微生物区系的调整、培育和建立。即在更换的前3 d保持原饲草饲料不少于2/3，新饲草或饲料不大于1/3，间隔3 d后，再增加喂量的1/4或1/3新饲草饲料，相应地减少原饲草饲料，逐步渐进更替，过渡时间15 d为宜。在饲草饲料更换过渡期勤观察粪便，做适当调整，但也不得少于7 d。

（7）卫生管理。保持牛舍干燥卫生，进牛前牛舍必须清扫干净，用2%～4%烧碱溶液彻底喷洒消毒，待干燥后至少保持一周再进牛。视牛粪的厚度、干湿状况清粪，小围栏牛粪厚不超过15 cm，夏季可一月清理一次。

（8）适时观察。技术员必须坚持早晚巡查，与饲养员随时观察相结合。观察采食、反刍、精神和粪便等情况。病牛应及时隔离，单独饲养治疗。有臌气、粪便稀薄恶臭且有未消化精料，应调整日粮，减少给量，或停止增加精料。

（三）养殖户问：如何选择合适的育肥方式和饲养方法？

专家回答：在育肥前要根据肉牛的品种、体重、年龄、体况以及性别进行合理的分群，这样可以避免牛只之间发生打斗，而且还方便管理。肉牛育肥要分阶段进行，分为育肥前期、育肥中期和育肥后期三个阶段。这三个阶段要根据肉牛生长及增重特点来饲养管理，以避免造成饲料浪费。一般育肥前期为15～20 d，这一阶段主要是限制肉牛的活动，让肉牛适应环境以及饲料，精料的饲喂量为0.5 kg/d，日粮中的蛋白质含量应达到12%；育肥中期一般为45 d，这一阶段的精料饲喂量要增加，以达到快速育肥的目的，日粮中的蛋白质含量应为10%；育肥后期是突击催肥期，主要的任务是增加肌肉间脂肪含量，以提高牛肉的风味和嫩度，此期应以饲喂能量饲料为主，相应的蛋白质含量要低些，这一阶段要适当地增加饲喂次数，可以在夜间加喂1次粗饲料，同时要保证提供充足的饮水。

要选择适宜的饲养方式来育肥肉牛，目前多采取拴系饲养、自由采食、自由饮水的饲养方式，以减少牛只的运动量，降低能量的损耗。拴系肉牛的缰绳不宜过长，一般为0.6～1 m。饲喂料草要以少量多次为原则，并且要先喂粗料，再喂精料，可适当地延长饲喂时间，以使肉牛获得最大的采食量。饲喂肉牛的日粮要求营养成分全面且搭配合理，饲料要求多样化，并且适口性良好，以提高饲料的利用率，加快增重速度。

（四）养殖户问：如何判定TMR饲喂量和饲喂效果？

专家回答：判定TMR饲喂量和效果可以从以下几方面入手。

（1）根据剩料评价。剩料量应占饲喂料总量的5%～10%，过多造成浪费，过少牛群采食量不足影响生产性能的发挥。具体可通过清槽后集中称重并记录数据来监控。观察剩料种类，一般粗饲料过长现象较为常见，可推断搅拌时间不足、干草水分较大或青贮制作过长是造成此问题的主要原因。

（2）生产性能评价。体重是反应TMR饲喂效果的主要数据。根据长肉速度是否明显，每月称重可有效评价饲喂效果。

（3）反刍和粪便评价。观察牛群反刍情况，牛休息时随机数10头牛看有几头在反刍，6头以上为正常。观察新鲜粪便的硬度形状为饼状最佳，有条件的可用粪便筛分析。

当然TMR日粮从原料的准备、分群和制作配方、加工和饲喂对育肥效果评价环环相扣，任何环节出问题都会影响饲喂效果。所以，认真科学地做好每个细节，才能使TMR饲喂技术达到理想的效果，才能使牛场效益最大化。

（五）养殖户问：犊牛在断奶后，即3～4月龄间，生长缓慢，应激因素较多，如何做好饲养管理？

专家回答：断奶前7～10 d，奶量减量，如49～52日龄减量饲喂奶4～6 L，53～60日龄降至4 L，确保60日龄断奶时能采食至少1 kg开食料；断奶时给予温水，避免去角、打疫苗等额外应激；断奶后尽量不要移群，换料。

（六）养殖户问：你的合作社牛就是养得好，请分享一下经验。

合作社负责人：我总结了以下养殖经验。

（1）做好“三定三看”。三定是：一定专人饲养，以便掌握牛吃料情况，观察有无异常现象发生，有利于及早采取措施；二定饲喂时间，一般是7：00、13：00、20：00，分3次上槽，夜间最好能补喂1次，每次上槽前先喂少量干草，然后再拌料，2 h后再饮水，夏季可稍加些盐，以防脱水；三定喂料数量，不能忽多忽少。三看是：看吃食状况；看粪便，掌握消化是否良好；看反刍。

（2）抓好三项管理措施。一是夏季中午饲喂在树荫下、背阴处、凉棚下进行，提高采食量，以防中暑；冬季要拴在背风向阳处，牛舍要采取保暖措施。二是要经常刷拭牛体，能促进血液循环，多增膘。三是拴牛绳要短，减少运动量，最好一牛拴一桩，以利增重育肥。

（3）粗粮细喂，科学搭配。牛的主要饲草可以是玉米秸秆、棉花秆。铡草时要求寸草铡四刀，原则是越细越好，草细牛爱吃、易消化，省饲料。精料喂的数量和品种比例要因时适当掌握。

（4）新购进的架子牛，一般都是长时间少喂或不喂精料，如果精料突然饲喂过多，牛容易消化不良，反而长膘慢。因此，刚买来的牛精料食量一般在1.5～2 kg/（d·头）为宜，10 d后再逐渐加，出栏前半月，精料量加到5～7 kg/（d·头）。

（七）养殖户问：如何做好奶犊公牛育肥环境控制？

专家回答：奶犊公牛育肥饲养牛舍、温度、湿度、光照、通风、卫生防疫和疾病治疗等要求做好以下八个方面的工作。

（1）单栏饲养。奶犊公牛育肥初期牛舍宜选用可单栏饲养的牛舍。单栏饲养牛舍有利于提高奶犊公牛育肥舒适度、便于饲养管理和疾病防治。奶犊公牛在1～2月龄期间宜单栏单独饲养，从3月龄开始可以适当集中群养。每群奶犊公牛一般8～10头为宜，不宜过多。

（2）封闭育肥。奶犊公牛在整个育肥饲养期内实行完全封闭隔离饲养，不与其他牛只、牛群或动物接触。奶犊公牛育肥饲养栏舍的场地一般按2～3 m^2/头标准配备，以便适当控制奶犊公牛的活动量。

（3）控制舍温。奶犊公牛育肥牛舍的舍温宜控制在15～22 ℃。环境温度在10～27 ℃时奶犊公牛机体能自行调节体温，可保持正常体温相对恒定；如环境温度低于10 ℃或高于27 ℃时，奶犊公牛育肥饲养管理需要采取保温或降温措施。当外界环境温度低于10 ℃时奶犊公牛需要增加维持营养需要，会导致饲料利用率和日增重下降。如果此时饲喂奶温低于37 ℃，易造成奶犊公牛腹泻。当外界环境温度比较高时，应采取降温和增加饮水饲养措施，防止奶犊公牛脱水，影响育肥效果。

（4）控制湿度。奶犊公牛育肥牛舍相对湿度应控制在50%～80%为宜。相对湿度大的时候病菌病毒易于存活，能导致奶犊公牛发生疾病；在夏季相对湿度大会减少奶犊公牛机体散热的效果，容易造成热应激中暑等疾病。

（5）控制通风。奶犊公牛育肥牛舍要配备良好的机械通风设施，能随时为牛舍提供新鲜空气和排放牛舍污浊空气、舍内水分和动物体热等。牛舍通风换气需注意与牛舍温度控制相协调，做到牛舍既能及时通风换气，又能保持牛舍温度相对恒定。

（6）控制光照。奶犊公牛每天需要12～16 h光照时间。冬季光照时间短，可在育肥牛舍采用人工光照补足奶犊公牛育肥需要的光照时间。人工光照强度一般控制在15～20 lx/m^{2}为宜。太阳辐射自然光照有利于提高环境温度和降低环境湿度。但夏季太阳辐射强度大，如不采取遮阴设施会对奶犊公牛造成伤害。因此，夏季要搞好绿化或为奶犊公牛搭建遮阳设施，避免太阳直接照射。

（7）卫生消毒。奶犊公牛育肥牛舍和运动场地每天彻底清扫1次;每2～3 d使用消毒液进行1次消毒。注意不同的消毒液要经常轮换使用，不可长时间只使用一种消毒液。奶犊公牛每次喂乳前、后都要认真清洗和消毒喂乳工具。奶犊公牛育肥出栏后牛舍要严格清理卫生和杀菌消毒，并空栏7～14 d方可再循环使用，防止各种疫病传染传播。

（8）防治疾病。奶犊公牛健康生长发育是保证奶犊公牛育肥生产正常进行的基础。坚持预防为主，及时按动物免疫要求注射传染性白喉、传染性鼻气管炎、传染性肺炎和肠毒血症等疫病预防疫苗。每天巡视检查奶犊公牛健康体况，认真及时地做好日常奶犊公牛脐带炎、肺炎、腹泻等常见易发疾病的预防诊治工作。

工作任务四

建设良舍

肉牛场是饲养肉牛的场所，是肉牛生长发育和繁殖的场地。建设肉牛场应本着投资少、用料省、占地少、利用率高、经济适用、无污染的原则，又要有利于生产和防疫来建设肉牛场。

一、肉牛场场址选择

肉牛场场址选择应当符合《中华人民共和国畜牧法》以及地方土地与农业发展规划等相关法规。

1. 场址选择原则

（1）符合肉牛的生物学特性和生理特点。

（2）有利于保持牛体健康。

（3）能充分发挥其生产潜力。

（4）最大限度地发挥当地资源和人力优势。

（5）有利于环境的保护和安全。

2. 场址选择要素

（1）地势和地形（图 4-1、图 4-2）。场地应选在地势高燥、避风、阳光充足的地方，这样的地势可防潮湿，有利于排水，便于牛体生长发育，防止疾病的发生。与河岸保持一定的距离，特别是在水流湍急的溪流旁建场时更应注意，地势一般要高于河岸，最低应高出当地历史洪水线以上。其地下水位应在 2 m 以下，即地下水位需在青贮窖底部 0.5 m 以下，这样的地势可以避免雨季洪水的威胁，减少土壤毛细管水上升而造成的地面潮湿。场地要向阳背风，以保证场区小气候温热状况相对稳定，减少冬季雨雪的侵袭。牛场的地面要平坦稍有坡度（坡度不超过 2.5%），总坡度应与水流方向相同。地形应开阔整齐，尽量少占耕地，并留有余地来发展，理想的地形是正方形或长方形，应尽量避免狭长形或多边角。山区应选择在向阳南坡相对平坦的地方，不要选在山顶，也不要选在山谷。

图 4-1　地形

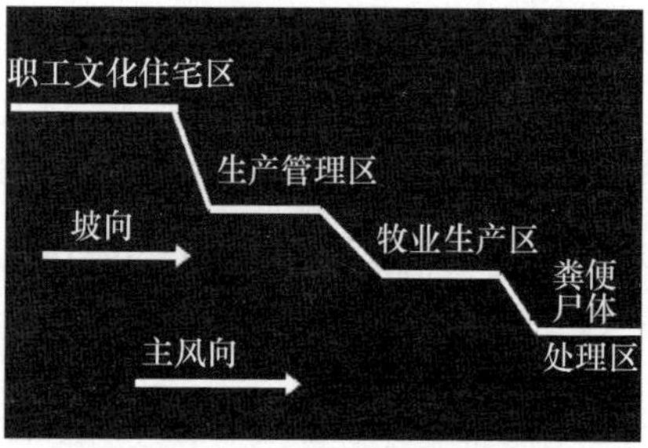

图 4-2　地势和风向

（2）土壤（图 4-3）。场地的土壤应该具有较好的透水透气性能、抗压性强和洁净卫生。土壤透水透气，尿液不易聚集，场地干燥，渗入地下的废弃物在有氧的情况下可以分解产物，对牛场污染小，有利于保持牛舍及运动场的清洁与干燥，有利于防止蹄病等疾病的发

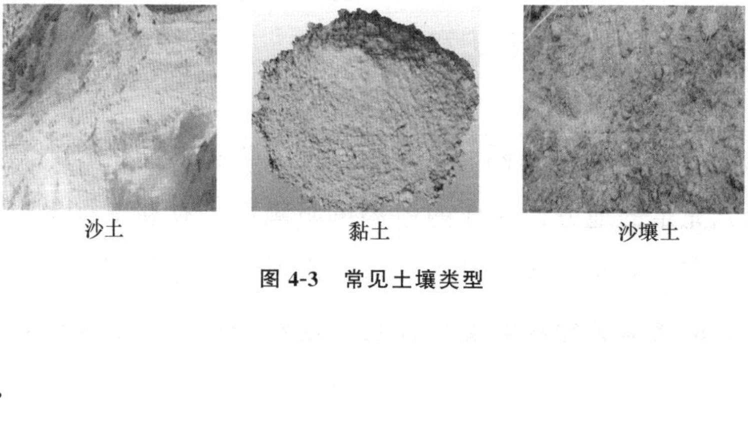

沙土　　黏土　　沙壤土

图 4-3　常见土壤类型

生;土质均匀,抗压性强,有利于建筑牛舍。土壤的生物学指标见表4-1。沙壤土是肉牛场场地的最好土壤,其次是沙土、壤土。

表 4-1　土壤的生物学指标　　单位：个/kg

污染情况	寄生虫卵数	细菌总数	大肠杆菌数
清洁	0	1×10^5	1×10^3
轻度污染	1～10	—	—
中等污染	10～100	1×10^6	50
严重污染	>100	1×10^7	1～2

注：清洁和轻度污染的土壤适宜作场址

(3) 水源。场地的水量应充足，能满足牛场内的人、肉牛饮用和其他生产、生活用水，并应考虑防火和未来发展的需要，每头成年牛每日耗水量均为 60 L。要求水质良好，能符合饮用标准的水最为理想，不含毒素及重金属。此外，在选择时要调查当地是否因水质不良而出现过某些地方性疾病等。水源要便于取用，便于保护，设备投资少，处理技术简单易行。通常以井水、泉水、地下水为好，雨水易被污染，最好不用。水质标准见表 4-2。

表 4-2　畜禽饮用水质量表

项目	自备井	地面水	自来水
大肠杆菌数/（个/L）	3	3	—
细菌总数/（个/L）	100	200	—
pH	5.5～8.5	—	—
总硬度/（mg/L）	600	—	—
溶解性总固体/（mg/L）	2 000		
铅/（mg/L）	Ⅳ类地下水标准	Ⅳ类地表水标准	饮用水标准
铬（六价）/（mg/L）	Ⅳ类地下水标准	Ⅳ类地表水标准	饮用水标准

(4) 草料（图 4-4）。饲草、饲料的来源，尤其是粗饲料，决定着牛场的规模。肉牛场应距秸秆、干草和青贮饲料资源较近，以保证草料供应，减少成本，降低费用。一般应考虑 5 000 m 半径内的

饲草资源，根据有效范围内年产各种饲草、秸秆总量，减去原有草食家畜消耗量，剩余的富余量便可决定牛场的规模。

图 4-4　草料

（5）交通。便利的交通是牛场对外进行物质交流的必要条件，但距公路、铁路和飞机场过近时，其噪声会影响牛的正常休息与消化，人流、物流频繁也使牛易患传染病。所以，牛场应距交通干线 1 000 m 以上，距一般交通线 100 m 以上。

（6）社会环境。牛场应选择在居民点的下风向，径流的下方，距离居民点至少 500 m，其海拔不得高于居民点，以避免肉牛排泄物、饲料废弃物、患传染病的尸体等对居民区的污染。同时也要防止居民区对肉牛场的干扰，如居民生活垃圾中的塑料膜、食品包装袋、腐烂变质食物以及生活垃圾中的农药造成牛的中毒，带有传染病宠物（犬和猫等）对牛也会传染，生活噪声影响牛的休息与反刍。为避免居民区与肉牛场的相互干扰，可在两地之间建立树林隔离区。牛场附近不应有超过 90 dB 噪声的工矿企业，不应有肉联、皮革、造纸、农药、化工等有毒有污染危险的工厂。

（7）场地面积。场地面积可按每头牛 160～200 m^2 进行计算；牛舍及房舍的面积为场地总面积的 10%～20%。由于牛体大小、生产目的、饲养方式等不同，每头牛占用的牛舍面积也不一样。育肥牛每头所需面积为 1.6～4.6 m^2，通栏育肥牛舍有垫草的每头牛占 2.3～4.6 m^2。

(8) 其他因素。我国幅员辽阔，南北气温相差较大，应减少气象因素对牛的影响，如北方不要将牛场建于西北风口处；山区牧场还要考虑建在放牧出入方便的地方，不要建在山顶，也不要建在山谷；牧道不要与公路、铁路、水源等交叉，以避免污染水源和防止发生事故；场址大小、间隔距离等，均应遵守卫生防疫要求，并应符合配备的建筑物和辅助设备及牛场远景发展的需要。

二、肉牛场规划与布局

(一) 肉牛场规划

规划原则：考虑生产规模以及企业未来发展；减少甚至防止有毒有害气体、噪声及粪尿污染；减少疫病蔓延的机会。

(二) 肉牛场布局

分区规划（图 4-5、图 4-6)：规模化肉牛场可以分为生产管理区、辅助生产区、牧业生产区、病牛隔离和粪污处理区等功能区，各区之间的功能联系如图所示。

图 4-5　规模化肉牛场外景

1. 管理区

管理区包括办公室、财务室、接待室、档案资料室、实验室等。管理区应建在牛场入场口的上风处，严格与生产区隔离，保证 50 m 以上的距离。管理区还应在水流或排污的上游方向，以保证管理区良好的卫生环境。为了防止疫病传播，场外运输车辆（包括牲畜）严禁进入生产区。汽车库应设置在管理区。除饲料仓库外，其他仓库应该设在管理

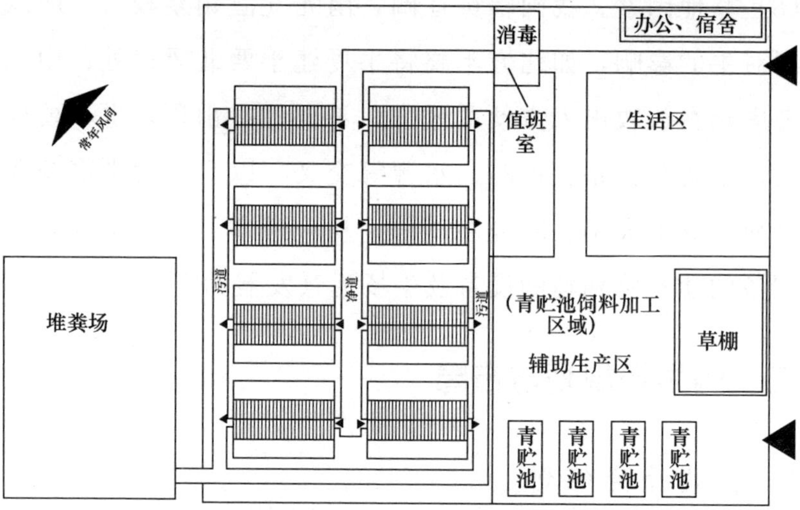

图 4-6　肉牛场规划图

区。外来人员只能在管理区活动，不得进入生产区。

2. 辅助生产区

辅助生产区有全场饲料调制、储存、加工、设备维修等部门。辅助生产区可设在管理区与生产区之间，其面积可按要求来决定。但也要适当集中，以节约水电线路管道，缩短饲草、饲料的运输距离，便于科学管理。粗饲料库设在辅助生产区下风向地势较高处，与其他建筑物保持 60 m 的防火距离。兼顾由场外运入，再运到牛舍两个环节。饲料库、干草棚、加工车间和青贮池，离牛舍要近一些，位置适中一些，便于车辆运送草料，以减小劳动强度。但必须防止牛舍和运动场因污水渗入而污染草料。草垛应位于辅助生产区的下风向，离房舍 50 m 以外，以利于防火。饲料调制车间宜与料库相邻，但又要防止噪声对牛的不良影响。

3. 生产区

生产区是牛场的核心区，主要是牛舍，应设在管理区的下风向处，更能控制场外人员和车辆，使之不能直接进入生产区，以保证生产区最安全、最安静。大门口设立门卫传达室、消毒室、更衣室和车辆消毒池，严禁非生产人员出入场内，出入人员和车辆必须经消毒室或消毒池严格消毒。生产区牛舍要合理布局，按育成牛、架子牛、育肥牛等阶段顺序排列。牛舍应建在场内生产区的中心，各牛舍之间要保持适当距离，布局整齐，以便于防疫和防火。同时也便于管理和缩短运输距离。修筑多栋牛舍，宜采取长轴平行配置，舍间距不小于 10 m，建造数栋牛舍，可并列配置。

4. 病牛隔离和粪污处理区

此区应设在下风头，地势较低处，应与生产区距离 100 m 以上，便于隔离。设单独的通道，便于消毒和污物处理。病畜管理区要四周砌围墙，设小门出入，出入口建消毒池、专用粪尿池，严格控制病牛与外界接触，以免病原扩散。粪尿处理场所应位居下风向地势较低处的牛场偏僻地带，防止粪尿的恶臭味四处扩散、蚊蝇滋生蔓延，影响整个牛场的环境卫生。该场所配有污水池、粪尿池、堆粪场，污水池地面和四周以及堆粪场的底部要做防渗处理，防止污染水源及饲料、饲草。

三、肉牛舍建筑

大型肉牛养殖企业牛舍一般用钟楼式(图 4-7)、半钟楼式(图 4-8)、双坡式牛舍(图 4-9)。中小规模养殖企业牛舍应因地制宜,就地取材,经济适用,既要便于管理,又能满足肉牛生长发育需求。肉牛舍的基础、墙壁、棚顶建筑要求,按一般简便民用建筑修筑即可。

(一) 肉牛舍类型

棚舍、半开放式牛舍、封闭式牛舍（图 4-10）和装配式牛舍是当今较为普遍应用的牛舍。

图 4-7　钟楼式牛舍

图 4-8　半钟楼式牛舍

图 4-9　双坡式牛舍

图 4-10　封闭式牛舍

1. 棚舍

棚舍或称凉亭式牛舍（图 4-11），有屋顶，但没有墙体。在棚舍的一侧或两侧设置运动场，用围栏围起来。棚舍结构简单，造价低。适用于温暖地区和冬季不太冷地区的成年牛。

图 4-11　凉亭式牛舍

炎热季节为了避免肉牛受到强烈的太阳辐射，缓解热应激对牛体的不良影响，可以修建凉棚。凉棚的轴向以东西向为宜，可避免阴凉部分移动过快；棚顶材料和结构有秸秆、树枝、石棉瓦、钢板瓦以及草泥挂瓦等，根据使用情况和固定程度确定。如果长久使用可以选择草泥挂瓦、夹层钢板瓦、双层石棉瓦等，如果临时使用或使用时间很短，可以选择秸秆、树枝等搭建。秸秆和树枝等搭建的棚舍只要达到一定厚度，其隔热作用较好，棚下凉爽；棚的高度一般为 3～4 m，棚越高越凉爽。冬季可以使用彩条布、塑料布以及草帘将北侧和东西侧封闭起来，避免寒风吹袭牛体。

2. 半开放式牛舍

一般半开放式牛舍（图 4-12）有屋顶，三面有墙（墙上有窗），向阳一面敞开或半敞开，墙体上安装有大的窗户，有部分顶棚，在敞开一侧设有围栏，水槽、料槽设在栏内，肉牛散放其中。每舍

图 4-12　半开放式牛舍

（群）15～20 头，每头牛占有面积 4～5 m^2。这类牛舍造价低，节省劳动力，但防寒效果不佳。适用于青年牛和成年牛。

塑料暖棚牛舍（图 4-13）是近年北方寒冷地区推出的一种较保温的半开放式牛舍。与一般半开放式牛舍比，保温效果较好。塑料暖棚牛舍三面全墙，向阳一面有半截墙，有 1/2～2/3 的顶棚。向阳的一面在温暖季节露天开放，寒冷季节在露天一面用竹片、钢筋等材料作支架，上覆单层或双层塑料膜，两层膜间留有间隙，使牛舍呈封闭的状态，借助太阳能和牛体自身散发的热量，使牛舍温度升高，防止热量散失。

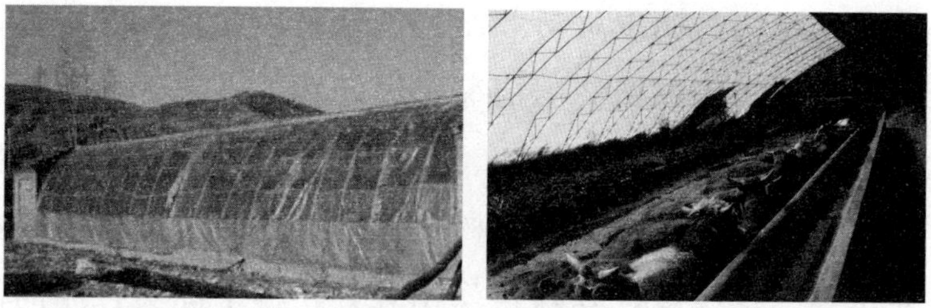

图 4-13　暖棚牛舍

修筑塑料暖棚牛舍要注意：①选择合适的朝向，塑料暖棚牛舍需坐北朝南，南偏东或西角度最多不要超过 15°，舍南至少 10 m 应无高大建筑物及树木遮蔽；②选择合适的塑料薄膜，应选择对太阳光透过率高、对地面长波辐射透过率低的聚氯乙烯等塑膜，其厚度以 80～100 μm 为宜；③合理设置通风换气口，棚舍的进气口应设在南墙，其距地面的高度以略高于牛体高为宜，排气口应设在棚舍顶部的背风面，上设防风帽，排气口的面积以 20 cm×20 cm 为宜，进气口的面积是排气口面积的一半，每隔 3 m 远设置一个排气口；④有适宜的棚舍入射角，棚舍的入射角应大于或等于当地冬至时的太阳高度角；⑤注意塑膜坡度的设置，塑膜与地面的夹角应以

55°～65°为宜。

3. 封闭式牛舍

封闭式牛舍四面有墙和窗户，顶棚全部覆盖。分单列封闭式牛舍和双列封闭式牛舍。

（1）单列封闭式牛舍（图 4-14）。只有一排牛床，舍宽 6.0 m，高 2.6～2.8 m，舍顶可修成平顶，也可修成脊形顶。这种牛舍跨度小，易建造，通风好，但散热面积相对较大。单列封闭式牛舍适用于小型肉牛场。

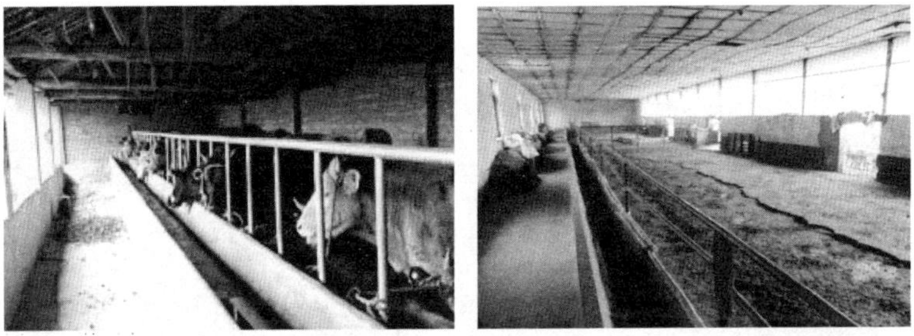

图 4-14 单列封闭式牛舍

（2）双列封闭式牛舍(图 4-15)。舍内设有两排牛床,两排牛床多采取头对头式饲养,中央为通道。舍宽 12.0 m,高 2.7～2.9 m,脊形棚顶。双列封闭式牛舍适用于规模较大的肉牛场,以每栋舍饲养 100 头肉牛为宜。

图 4-15 双列封闭式牛舍

4. 装配式牛舍（图 4-16）

装配式牛舍是以钢材为原料，工厂制作，现场装备，属开放式牛舍。屋顶为镀锌板或太阳板，屋梁为角铁焊接；“U”字形食槽和水槽为不锈钢制作，可随牛只的体高随意调节；隔栏和围栏为钢管。装配式牛舍的室内设置与普通牛舍基本相同，其适用性、科学性主要体现在屋架、屋顶和墙体及可调节饲喂设备上。装配式牛舍系先进技术设计，适用、耐用和美观，且制作简单，省时，造价适中。

图 4-16　装配式牛舍

（二）肉牛舍的结构及要求

肉牛舍由多个部分组成，包括基础、墙体、屋顶、地面及门窗等（其中屋顶和外墙组成肉牛舍的外壳称外围护结构），将肉牛舍的空间与外部隔开。肉牛舍的结构不仅影响到肉牛舍内环境的控制，而且影响到肉牛舍的牢固性和利用年限。钢架结构见图 4-17。

1. 基础

基础是牛舍地面以下承受畜舍的各种荷载并将其传给地基的构件，也是墙突入地面的部分，是墙的延续和支撑。它的作用是将畜舍本身重量及舍内固定在地面和墙上的设备、屋顶积雪等全部荷载传给地基。基础决定了墙和畜舍的坚固与稳定性，同时对畜舍的环

图 4-17　钢架结构

境改善具有重要意义。

对基础的要求。一是坚固、耐久、抗震。二是防潮（基础受潮是引起墙壁潮湿及舍内湿度大的原因之一）。三是具有一定的宽度和深度。

2. 墙体

墙体是基础以上露出地面的部分，其作用是将屋顶和自身的全部荷载传给基础的承重构件，是畜舍的主要结构，也是将畜舍与外部空间隔开的外围护结构。以砖墙为例，墙的重量占畜舍建筑物总重量的40％～65％，造价占总造价的30％～40％。同时墙体也在畜舍结构中占有特殊的地位，据测定，冬季通过墙散失的热量占整个畜舍总散热量的35％～40％，舍内的湿度、通风、采光也要通过墙体上的窗户来调节，因此，墙体对畜舍小气候状况的保持起着重要作用。

对墙体的要求，一是坚固、耐久、抗震、防火。二是具有良好的保温隔热性能，墙体的保温、隔热能力取决于所采用的建筑材料的特性与厚度，应尽可能选用隔热性能好的材料，保证最好的隔热设计，在经济上是最有力的措施。三是防水、防潮（墙体的防潮措施是用防水耐久材料抹面，以保护墙面不受雨雪侵蚀；做好散水和排水沟；设防潮层和墙围，如墙裙高 1.0～1.5 m，生活办公用房踢脚高 0.15 m，勒脚高约为 0.5 m 等）。四是结构简单，便于清扫。

3. 屋顶

屋顶是牛舍顶部的承重构件和围护构件，它是由支承结构和屋面组成。支承结构承受着舍顶部包括自重在内的全部荷载，并将其传给墙体或柱；屋面起围护作用，可以抵御降水和风沙的侵袭，以及隔绝太阳辐射等，以满足生产需要。

对屋顶的要求，一是坚固、防水，屋顶不仅承接本身重量，而且承接着风沙、雨雪的重量。二是保温隔热，屋顶对于畜舍的冬季保温和夏季隔热都有重要意义。屋顶的保温与隔热作用比墙体重要，因为屋顶的面积大于墙体，舍内上部空气温度高，屋顶内外实际温差总是大于外墙内外温差，热量容易散失或进入舍内。三是不透气、光滑、耐久、耐火、结构轻便、简单、造价便宜，任何一种材料不可能兼有防水、保温、承重三种功能，所以正确选择屋顶、处理好三方面的关系，对于保证畜舍环境的控制极为重要。四是保持适宜的屋顶高度，肉牛舍的高度依牛舍类型、地区气温而异。按屋檐高度计，一般为 2.8～4.0 m，双坡式为 3.0～3.5 m，单坡式为 2.5～2.8 m，钟楼式稍高点，棚舍式略低些。北方牛舍应低，南方牛舍应高。如果为半钟楼式屋顶，后檐比前檐高 0.5 m。在寒冷地区，适当降低净高有利于保温。而在炎热地区，加大净高则是加强通风、缓和高温影响的有力措施。彩钢顶见图 4-18。

图 4-18　彩钢顶

4. 地面

地面的结构和质量不仅影响肉牛舍内的小气候、卫生状况，还会影响肉牛体的清洁，甚至影响肉牛的健康及生产力。地面的要求是坚实，致密，平坦，稍有坡度，不透水，有足够的抗机械、各种消毒液、消毒方式的能力。水泥地面要压上防滑纹（间距小于 10 cm，纵纹深 0.4～0.5 cm），以免牛滑倒，引起不必要的经济损失。

5. 门窗（图 4-19、图 4-20）

肉牛舍门洞大小依牛舍而定。繁殖母牛舍、育肥牛舍门宽 1.8～2.0 m，高 2.0～2.2 m；犊牛舍、架子牛舍门宽 1.4～1.6 m，高 2.0～2.2 m。繁殖母牛舍、犊牛舍、架子牛舍的门洞数要求有 2～5 个（每一个横行通道一般设门洞 1 个），育肥牛舍 1～2 个。门一般设成双开门，也可设上下翻卷门。封闭式的窗应大一些，高 1.5 m，宽 1.5 m，窗台高距地面以 1.2 m 为宜。

图 4-19 门结构

（三）肉牛舍内设备

1. 牛舍的门

肉牛舍通常在舍两端，即正对中央饲料通道设两个侧门，较长牛舍在纵墙背风、向阳侧也设门，以便于人和牛出入，门应做成双推门，不设槛，其大小为（2.0～2.2）m×（2.0～2.2）m 为宜。

图 4-20　窗结构

2. 牛舍地面

牛舍地面舍内地坪比舍外地坪高 20～30 mm。地面坚实，可承载动物与设备。地面粗糙以保持摩擦力，但又不至磨伤牛蹄。行走区域地面多采用混凝土拉毛、凹槽或立砖地面，躺卧区域多采用沙土或橡胶垫地面，运动场多选用沙土或立砖地面。牛场行走区域常用混凝土地面，其建筑方式为：底层粗土夯实，中间层为 300 mm 厚粗砂石垫层，表层为 100 mm 厚 C20 混凝土，表层采用凹槽防滑，深度 1 cm，间距 3～5 cm。

3. 牛床

牛床是牛吃料和休息的地方，牛床的长度依牛体大小而异。一般的牛床设计是使牛前躯靠近料槽后壁，后肢接近牛床边缘，粪便能直接落入粪便沟内即可。育肥牛床长 1.9～2.1 m，宽 1.2～1.3 m；6 月龄以上育成牛床长 1.7～1.8 m，宽 1.0～1.2 m。牛床应高出地面 5 cm，以 1%的坡度为宜，以利于冲刷和保持干燥。牛床最好以三合土为地面，既保温又护蹄。

4. 饲槽（图 4-21）

采用单一类型的全日粮配合饲料，即用青贮饲料和配合饲料调制成混合饲料，在采用舍饲散栏饲养时，大部分精饲料在舍内饲喂，青贮饲料在运动场或舍内食槽内饲喂，青、干草一般在运动场

图 4-21 饲槽

上饲喂。饲槽位于牛床前，通常为统槽。饲槽长度与牛床总宽相等，饲槽底平面高于牛床。饲槽需坚固，表面光滑不透水，多为砖砌水泥砂浆抹面，饲槽底部平整，两侧带圈弧形，以适应牛用舌采食的习性。为了不妨碍牛的卧息，饲槽前壁（靠牛床的一侧）应做成一定弧度的凹形窝。也有采用无帮浅槽的，把饲喂通道加高 30～40 cm，前槽帮高 20～25 cm（靠牛床），槽底部高出牛床 10～15 cm。这种饲槽有利于饲料车运送饲料，饲喂省力，采食不“窝气”，通风好。肉牛饲槽尺寸见表 4-3。

表 4-3 肉牛饲槽尺寸 单位：cm

类别	槽内（口）宽	槽有效深	前槽沿高	后槽沿高
成年牛	60	35	45	65
育成牛	50～60	30	30	65
犊牛	40～50	10～12	15	35

5. 饲料通道

在饲槽前设置饲料通道。通道高出地面 10 cm 为宜，饲槽贯穿牛舍中轴线。道槽合一时，宽度为 3.0 m。饲料通道一般宽 1.5～2.0 m。饲槽和通道分开时，饲喂通道宽度为 1.5～1.6 m，保证送料车能顺利通过。

6. 水槽（图 4-22、图 4-23）

有条件的可在饲槽旁边距离地面 0.5 m 处安装自动饮水设备，

自动饮水器由水碗、弹簧活门和开关活门的压板构成。当牛饮水时，鼻镜按压压板，输水管中的水便流入饮水器的水碗内，饮水完毕借助弹簧关闭，水即停止流入。一般在运动场边设置饮水槽，按每头牛 20 cm 计算水槽的长度。槽深 60 cm，水深不超过 40 cm，要经常有水并保持水的洁净。或者在运动场也可设置自动饮水器。在许多育肥牛舍中一般不设置水槽，用饲槽作饮水槽饮水。饲喂后在水槽中放水让牛自由饮用。散栏式饲养的饮水槽一般要求宽 40～60 cm，深 40 cm，高度不宜超过 70 cm。一个水槽要满足 20～30 头牛的饮水需要。寒冷地区要防止水槽结冰，有条件的牛场可以选用恒温水槽。

图 4-22　饮水碗

图 4-23　饮水槽

7. 清粪通道

清粪通道也是牛进出的通道，多修成水泥路面，路面应有一定坡度，并刻上线条防滑。清粪道宽 1.5～2.0 m。牛栏两端也留有清粪通道，宽 1.5～2.0 m。

8. 粪沟

牛床与通道间设有排粪沟，沟宽 35～40 cm，深 10～15 cm，沟底呈一定坡度，以便污水流淌。

9. 运动场（图 4-24）

运动场的地面以三合土为宜。在运动场内设置补饲槽和水槽。补饲槽和水槽应设置在运动场一侧，其数量要充足，布局要合理，以免牛争食、争饮或顶撞。饲养种牛、犊牛的舍，应设运动场。运动场多设在两舍间的空余地带，四周用栅栏围起，将牛拴或散放其内。每头牛应占面积为：成牛 15～20 m^2，育成牛 10～15 m^2，犊牛 5～10 m^2。

图 4-24　肉牛运动场

四、肉牛场配套设施

1. 道路

（1）净道（图 4-25）　是供饲养管理人员、清洁的设备用具、饲料和健康肉牛等使用；牛场与场地外运输以及通往牛舍、料库的道路。

图 4-25　净道

（2）污道（图 4-26）　是供清粪、污浊的设备用具、病死和淘汰肉牛使用；通往粪污处理区的道路，与净道严格分开；净道在上风向，与污道不交叉。

图 4-26　污道

2. 消毒设施

在生产区大门口和人员进入饲养区的通道口，分别修建供车辆和人员进行消毒的消毒池和消毒室。车辆用消毒池的宽度以略大于车轮间距即可，参考尺寸为长 4.0 m、宽 3 m、深 0.1 m，池底低于路面，坚固耐用，不渗水（图 4-27 左）；消毒室（图 4-27 右）大小可根据外来人员的数量设置，一般为串联的 2 个小间，其中一个为消毒室，内设小型消毒池和洗浴设施或紫外线灯，紫外线灯功率为 2～3W/m^2，另一个为更衣室。供人用消毒池，采用踏脚垫浸湿药液放入池内进行消毒，参考尺寸为长 2.8 m、宽

1.4 m、深 0.1 m。常用的场内清洗消毒设施有高压冲洗机、喷雾器和火焰消毒器。

图 4-27 消毒设施（消毒池 左 消毒室 右）

3. 干草库

干草库（图 4-28）。大小应根据饲养规模、粗饲料的储存方式、日粮的精粗饲料量等确定。一般为开放式结构，风大或多雨处用帘布保护；也可三面设墙一面敞开。用于储存切碎粗饲料的草库应建得较高，为 5～6 m。草库的窗户离地面也应高，至少为 4 m。建设时需要注意防火防潮，草库应设防火门，距下风向建筑物应大于 50 m。

图 4-28 干草库

4. 精料库

精料库（图 4-29）。大小由肉牛存栏量和原料储备时间决定。采用单坡屋面，正面开放，高度不低于 3.6 m，宽 6.5～7.5 m，另设计 1.2～1.8 m 挑檐以防雨雪飘入库内。地面为水泥地面，向外 2%坡度。内设多个隔间，隔间多少由精料种类决定，宽度要保证供料车进入以方便装卸料。设计时注意防潮防鼠。精料库配备料塔（图 4-30）。

图 4-29　精料库

5. 青贮池

青贮池有地上式（图 4-31）、半地下式（图 4-32）和地下式（图 4-33）3 种，前两种节省投资，但易造成雨水和渗出液淤积。青贮池多为条形，三面为墙，一面敞开，一般高 2.5～4.0 m，深 2 m 以上，宽 2～3 m 为宜，长度因贮量和地形而定。池底稍有坡度，并设排水沟。

图 4-30　料塔

6. 饲料加工场地及搅拌设备

饲料加工场地设原料库、成品库、饲料加工间（图 4-34）等。原料库的大小应能够储存肉牛场 10～30 d 所需要的各种原料，成品

图 4-31　地上式青贮池

图 4-32　半地下式青贮池

图 4-33　地下式青贮池

库可略小于原料库，库房内应宽敞、干燥、通风良好。室内地面应高出室外 30～50 cm，以水泥地面为宜，房顶要具有良好的隔热、防水性能，窗户要高，门窗注意防鼠，整体建筑注意防火等。

饲料加工搅拌设备（图 4-35），规模化牛场可采用全混合日粮搅拌车，按搅拌方式可分为立式搅拌车和卧式搅拌车；按机动情况可分为固定式和移动式。

图 4-34 饲料加工车间

7. 温控设备

炎热的夏季，牛舍内温度过高，会造成肉牛采食量下降，降低产肉性能。牛适宜的环境温度 10～20 ℃。因此，首先要增加舍内空气流通，把牛舍门窗打开。其次在牛舍内安装通风设施，如风扇（图 4-36），加快牛体散热。一般安装悬挂式风扇，悬挂风扇叶采用不锈钢，主要部件全部是热镀锌，其结构设计保证高强度、大风量、低噪声、不挂灰、美观耐用的使用效果。风扇沿颈夹每 6 m 安装一台，高度 2.5 m，风扇与地面 35°角，有效送风距离为 6～10 m，其中在 6 m 处风速不小于 3 m/s。3 m/s 的最佳风速使牛感到舒适，风扇大小根据牛舍空间进行选配。

图 4-35 饲料加工搅拌站

图 4-36　风扇

8. 保定架和装牛台

保定设备（图 4-37）是牛场用于固定牛只的设施，繁育牛场最好配备保定架。装牛台是牛只装车或卸车的设施，任何牛场均需建造装牛台。装牛台宽度为 1.0～1.2 m，出口高度与运牛车同高或者是高度可以调整。

图 4-37　保定设备

9. 称牛秤

称牛秤一般使用地磅（图 4-38），通常在牛行走的过道安装。不过为了称量准确必须设计保定架（图 4-39），防止肉牛乱动造成地磅不准确。

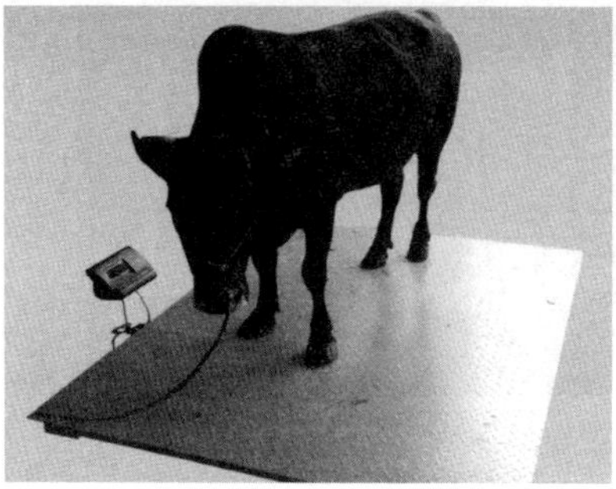

图 4-38　地磅

图 4-39　牛行走过道安装秤

10. 清粪形式及设备

肉牛舍的清粪形式有机械清粪(图 4-40)、水冲清粪、人工清粪 3 类。我国肉牛场多采用人工清粪。机械清粪中采用的主要设备有连杆刮板式,适于单列式牛床;环行链刮板式,适于双列式牛床;双翼形推粪板式,适于舍饲散栏饲养肉牛舍。清粪车如图 4-41 所示。

刮粪板　　电机　　链条

图 4-40　自动刮粪系统

图 4-41　清粪车

11. 储粪场

肉牛场应设置粪尿处理区。储粪场（图 4-42）设置在多列肉牛舍的中间，靠近道路，有利于粪便的清理和运输。储粪场设置注意：一是储粪场应设在生产区和肉牛舍的下风处，与住宅、肉牛舍之间保持一定的卫生间距（距肉牛舍 30～50 m），并应便于运往农田或其他地方处理。二是储粪池的深度以不受地下水浸渍为宜，底部应较结实，储粪场要进行防渗处理，以防粪液渗漏流失污染水源和土壤。三是储粪场底部应有坡度，使粪水可流向一侧或集液井，以便取用。四是储粪池的大小应根据每天牧场家畜排粪量的多少及储藏时间长短而定。

图 4-42　储粪场

五、经验之谈

（一）养殖户问：肉牛育肥环境控制应考虑哪些因素？

专家回答：环境因素对于肉牛的育肥效果有着重要的影响，在肉牛育肥期间，要给肉牛提供舒适的生活环境，以便于肉牛的生长发育以及增重，以使育肥达到最佳的效果。舍内要保持清洁、干燥、空气清新。舍内的粪便和污物要及时清理，做好通风换气工作，勤换垫料。保持牛舍附近安静，以免惊扰牛群。注意保持舍内适宜的温度、相对湿度以及有害气体的浓度。定期对牛舍及牛床进行全面、彻底的消毒，以减少病原微生物对牛体的侵害。肉牛育肥环境控制主要考虑以下因素。

（1）舍内温度和湿度的控制。温度和湿度是牛舍环境中最重要的因素，适宜的环境温度对肉牛的生长发育、健康以及增重都有促进作用。不适宜的环境温度，过高或过低都会导致肉牛的生产力下降，生产性能不佳，甚至还会导致肉牛死亡。其中温度过高会使肉牛发生热应激，使采食量下降，从而使肉牛的增重速度减慢；而温度过低，则会降低饲料的消化率，并且牛为了维持体温产生热量，会增加饲料的消耗，造成饲料的浪费。

肉牛育肥最适气温为 10～21 ℃，以使肉牛保持最佳的增重速度。低于 7 ℃，牛体产热量增加，维持需要增加，要消耗较多的饲料，肉牛的采食量增加 25%～29%；环境温度高于 27 ℃，牛的采食量降低 3%～35%，增重降低。要保持舍内相对湿度在 55%～70%为最佳。如果湿度过大，牛的抵抗力会减弱，并且潮湿的环境会促进病原微生物以及寄生虫繁殖，从而加大了肉牛的患病概率，并且加快了疾病的传播速度，使死亡率升高。如果不适宜的温度，再加上不适宜的湿度，则会使以上现象加剧。同样，舍内过于干燥会导致舍内粉尘飞扬，同样对牛的健康不利。

（2）圈舍清洁卫生。牛舍环境的清洁卫生对于肉牛养殖来说非常的重要，可提高牛群的舒适度，从而使生产性能充分发挥。所以要实行清洁生产，清洁生产不单纯指做好场区以及圈舍内的卫生清扫以及污物的处理工作，还应想办法消除污染物的产生，做好预防工作，这就要求生产者从源头入手，以预防为主，在生产过程中控制好环境。场区内的污道和净道要区分开来，以避免交叉感染。及时清理牛场内的粪尿和污水，并将粪便运到专门的粪便堆放区，尿以及污水则要通过排水系统排入粪水池内贮存。

（3）清洁水源供应。水是肉牛养殖必不可缺的物质，因此，肉牛养殖场要求水源充足、清洁、水质良好且符合国家规定的畜禽饮用水标准。做好水源的管理工作，防止水源受到污染，以保证肉牛每天都能喝到清洁的饮水，确保肉牛机体的正常代谢，维持健康的体况。养殖者要防止人畜共患病的发生，场区内的生活区和生产区要严格地区分开，并在两区之间最好设立隔离林带。

（4）光照保证。牛舍内不但要保持环境卫生和清洁，还要确保有充足的光照。因此，在设计牛舍和运动场时要求科学合理，以使肉牛一年四季都能光照充足。

（5）空气质量的调节。牛场以及牛舍内新鲜的空气是促进肉牛新陈代谢的必需条件，还可减少疾病的传播。肉牛的排泄量较大，会导致舍内有害气体的浓度增加，加上在饲喂肉牛饲料时会引起舍内粉尘飞扬。对于敞棚、开放式、半开放式的肉牛养殖场来说，空气流动性较大，这一现象不太严重，而对封闭牛舍，如果设计、建设不合理，或者管理不到位，由于牛在呼吸时排出的大量二氧化碳、排泄物腐败分解形成的氨气、硫化氢等有害气体，会大量积聚、增多，如果肉牛长期生活在这样的环境下会影响健康以及生产力。

（6）噪声控制。环境污染还包括噪声污染，这一点是在肉牛养殖生产中常被忽略的问题。研究表明，噪声会给肉牛带来一系列的不良反应，导致牛听觉器官发生特异性的病变，能通过刺激神经反射弧引起肉牛食欲下降，使其出现惊慌和恐惧的情绪，从而影响生产。引起噪声的原因分为外界噪声，如汽车、雷鸣等，舍内噪声，如机械等；还有肉牛自身产生的噪声，如哞叫、走动、争斗等。噪声会影响牛的繁殖、生长、增重和生产性能，还会改变牛的行为，易导致流产和早产的发生。所以，在肉牛的饲养管理过程中要控制好环境的噪声污染，在场区选址和建设时要远离居民区和交通要道，这不但对防疫有利，还可远离噪声源。牛舍内噪声白天不超过90 dB，夜间不超过50 dB。

为了调控牛场内的小环境，减少污染，净化场区内的空气，降低噪声，要做好绿化工作，可在牛场的四周种植树木，设置场界林带。在场区内种植灌木，并在场内的主干道两旁种植树木，在运动场周围种植遮阳林，还可在场区内的空地种植蔬菜或草坪，充分利用场内的土地资源，可有效改善场区内的小气候。

（二）养殖户问：牛舍设计中减轻热应激的措施有哪些？

专家回答：牛舍设计中降低牛热应激的措施主要有以下几点。

（1）遮阴。遮阴是气候炎热地区肉牛养殖场必备的条件，是减少太阳辐射最容易采取的方法之一。设计良好的遮阴可以减少30%～50%的总热负荷；遮阴相对于非遮阴环境，具有较低的直肠温度（38.9～39.4 ℃）和较低的呼吸频率（54～82 次/min），而且遮阴以后育肥效果增加10%。遮阴的方法有多种类型，总的来说包括休息区遮阴、饮水区遮阴、饲喂区遮阴、牛舍屋顶遮阴、运动场植树遮阴等。各种不同的方法使用要因地制宜。在遮阴材料的选择上，要根据当地不同的气候条件来选择。如夏季干热地区可选择遮阴率比较高的材料，或者采用彩钢板搭建凉棚。

（2）加大通风量。加大通风量有两种办法：一是自然通风，二是强制通风。自然通风因无能耗，运行成本低，在设计牛舍的时候，首先要考虑牛舍的自然通风。当自然通风不能满足牛散热需要的时候，开启强制通风。通过空气的对流，达到降温的目的。牛舍的自然通风措施一般有侧窗、顶窗。加大通风量最直接也是最节省运行费用的办法就是采用侧面卷帘窗，通风量大的牛舍，其卷帘窗的高度可达 6 m，在炎热的夏季，整个牛舍的侧面可全部打开，充分利用自然条件形成对流，及时带走牛舍内的湿热空气。强制通风办法主要有侧墙负压通风和舍内强制通风等方式。有条件的可在牛舍内安装大型换气扇和风量较大的电扇（2～3 m/s），加速舍内气流的速度。

此外，缓解牛热应激的方法还有增加饮水、调整饲料营养结构、改善牛遗传性状等许多办法。热应激降低牛养殖的经济效益，特别是在夏季气温偏高的地区，牛对热应激的最直接反应是降低牛只采食量和增重。因此，在设计牛舍的时候，要综合考虑多种因素，在综合投入与产出的基础上，设计出更加合理的牛舍，有效降低热应激的发生，提高肉牛养殖的经济效益。

（三）养殖户问：牛舍建设分区应考虑哪些因素？

专家回答：牛场分区建设要做好以下环节。

（1）建筑设施按生活管理区、生产区和隔离区布局。各功能区界限分明，方便组织生产。功能区间距不少于 50 m，并有防疫隔离带或墙。

（2）生活管理区设在场区常年主导风向上风向及地势较高处，主要包括生活设施、办公设施、与外界接触密切的生产辅助设施，设主大门。

（3）生产区设在场区中间，主要包括牛舍与有关生产辅助设施。

（4）隔离区设在场区下风向或侧风向及地势较低处，主要包括兽医室、隔离牛舍、储粪场、装卸牛台和污水池。兽医室、隔离牛舍应设在距最近牛舍 50～100 m 以外的地方，设有后门。

（5）饲料库和饲料加工车间设在生产区、生活区之间，应方便车辆运输。

(6) 草场设置在生产区的侧向。草场内建有青贮窖(池)、草垛等,有专用通道通向场外。草垛距房舍 50 m 以上。牛舍一侧设饲料调制间和更衣室。

(7) 道路与外界应有专用道路相连通。场内道路分净道和污道,两者严格分开,不得交叉、混用。净道路面宽度不小于 3.5 m,转弯半径不小于 8 m。道路上空净高 4 m 内没有障碍物。

(四) 养殖户问:冬季牛舍如何保温?

专家回答:不同圈舍采用不同保温方式,总结起来有以下几种。

(1) 帆布保温。开放式牛棚可以使用厚帆布或塑料布围护圈舍,可以避免冷风直接吹入牛棚,有一定的保温效果,这种做法具有投资非常低和方便操作的优点。注意必须选择较厚的帆布或塑料布悬挂于牛棚顶部,上下 50 cm 多,用绳子、砖(土)压实固定;白天天气好的时候可以卷起帆布(塑料布)进行通风;牛必须用螺栓拴好,远离帆布(塑料布),以免出现损坏和吞咽塑料布,引发牛只消化问题。

(2) 暖棚保温。半开放式牛棚可以建在敞开式暖棚中,即用木质或金属棚拱作为框架,上面用 0.04～0.1 mm 厚的塑料布进行覆盖,有条件可采用双层塑料布,这样保温效果会更好,可以实现圈舍温度比外界温度高 10～20 ℃。

(3) 地面保温。牛棚的地面多为水泥或红砖材料,冬天气温很低,牛躺在上面会吸收牛体很多热量,可以铺垫 20～30 cm 厚锯末、稻壳等垫料进行保暖。

（五）养殖户问：牛舍地面用哪种材料好？

专家回答：牛舍地面按照投资要求，可以采用以下不同形式。

（1）水泥地面。水泥地面具有坚固耐用、易于清理粪污、便于冲洗消毒以及夏季散热性好等优点，加之铺设成本与难度并不算太大，多数规模化养牛场均会使用水泥地面。但仍存在较多的缺点，例如地面较硬、渗水性差以及冬季保温性差等。牛舍采用水泥地面时，应及时清理粪污和适当开窗通风，以降低牛舍内湿度，减少肢蹄病发生。冬季还应做适当保温措施，保证牛生长不受其影响。

（2）红砖铺地。红砖地面具有坚固、渗水性较好以及容易清理粪污等优点，加之夏季具有一定散热性、冬季具有一定保温性，是较为理想的牛舍地面。不过铺设成本和难度较高，规模化养牛场一般较少使用。注意红砖不可平铺，应该采取侧铺或立铺方式。因为肉牛体重可达1 000斤以上，红砖平铺难以承受而易粉碎。牛舍采用红砖地面时，可在下面铺设50 cm渗水性较好的沙土，土壤可提高渗水性能，同时还需及时清理牛舍内粪污和尽可能减少冲水以降低地面渗水压力。另外铺设过程中应尽量保持平整，以减少后期清理粪污的难度。

（3）三合土地面。三合土主要含有泥土、熟石灰、沙，建议比例为1∶2∶4或者1∶3∶6。三合土即采用黏土、细沙以及石灰按照一定比例混合而来，夯实后可作为牛舍或运动场地面，具有造价低、坚固和渗水性好等优点。不过使用寿命较短，在使用一段时间后会变得相对松散以及渗水性变差等，使用过程中需要定期对其进行加固才可以。

（4）纯土质地面。将牛舍地面夯实后直接使用，其具有制作简单、造价极低等优点。不过不易清理粪污，使用寿命极短，通常使用几天后便会因粪污和牛踩踏而变得稀烂，使用过程需要不断更换垫土。目前牛舍纯土质地面基本上已被淘汰，仅少数个体养牛户在使用。

（5）废旧石板、预制板。使用废旧石板或者预制板，就地取材，节省前期养牛成本投资。

工作任务五

执行规范化防疫

一、综合防治

（一）隔离和卫生环节

1. 科学规划布局

肉牛场选在背风、向阳、地势高燥、通风良好、水电充足、水质卫生良好、排水方便的沙质土地带，这样的环境易使肉牛舍保持干燥和卫生环境。最好配套有鱼塘、果林、耕地，以便于污水的处理。牛场应与公路、居民点、其他养殖场有一定的间隔，远离屠宰场、废弃物、污水处理站和其他污染源。选好场址后要进行分区规划，生产区最好有围墙和防疫沟，并且在围墙外种植荆棘类植物，形成防疫林带，只留人员入口、饲料入口和牛出入口，减少与外界的直接联系。场区入口设置车辆消毒池和人员消毒室。

2. 隔离管理

（1）减少引种感染尽量做到自繁自养。从外地引进场内的种牛，要严格进行检疫。可以隔离饲养和观察 2～3 周，确认无病后，方可并入生产群，避免引种感染。

（2）采用全进全出的饲养制度。全进全出的饲养制度是有效防止疾病传播的措施之一。全进全出使得牛场能够做到净场和充分的消毒，切断了疾病传播的途径，从而避免患病牛或病原携带者将病原传染给日龄较小的牛群。

（3）人员隔离。外来人员来访必须在值班室登记，把好防疫第一关。严禁闲人进场。全场工作人员禁止兼任其他畜牧场的饲养、技术和屠宰贩卖工作。保证生产区与外界环境有良好的隔离状态，全面预防外界病原侵入牛场。休假返场的生产人员必须在生活管理区隔离 2 d 后，方可进入生产区工作，牛场后勤人员应尽量避免进入生产区。生活管理区和生产区之间的人员入口和饲料入口应以消毒池隔开，人员必须在更衣室沐浴、更衣、换鞋，经严格消毒后方可进入生产区。生产区的每栋肉牛舍门口必须设立消毒脚踩盆，生产人员要经过脚踩盆再次消毒工作鞋后方可进入肉牛舍。

（4）物品隔离。外来车辆必须在场外经严格冲洗消毒后才能进入生活管理区，严禁任何车辆和外人进入生产区。饲料应由本场生产区外的饲料车运到饲料周转仓库，再由生产区内的车辆转运到每栋牛舍，严禁将饲料直接运入生产区内。生产区内的任何物品、工具（包括车辆），除特殊情况外不得离开生产区。任何物品进入生产区必须经过严格消毒，特别是饲料袋应先经熏蒸消毒后才能装料进入生产区。生产区内肉食品要由场内供给，严禁从场外带入偶蹄兽的肉类及其制品。

（5）其他场内生活区严禁饲养畜禽。尽量避免猪、犬、猫和禽等进入生产区。

（6）发病后的隔离。①分群隔离饲养。在发生传染病时，要立即仔细检查所有的肉牛，根据肉牛的健康程度不同，分为不同的肉牛群管理，严格隔离。不同肉牛群的隔离措施见表 5-1。②禁止人员和肉牛流动。禁止肉牛、饲料、养肉牛的用具在场内和场外流动，禁止其他畜牧场、饲料间的工作人员的来往以及场外人员来肉牛场参观。③紧急消毒。对环境、设备、用具每天消毒1次，并适当加大消毒液的用量，提高消毒效果。当传染病扑灭后，经过2周不再发现病肉牛时，进行1次全面彻底的消毒后，才可以解除封锁。

表5-1　不同肉牛群的隔离措施

肉牛群	隔离措施
病牛	在彻底消毒的情况下，把症状明显的肉牛隔离，单独或集中饲养在偏僻、易于消毒的地方，专人饲养，加强护理、观察和治疗，饲养人员不得进入健康肉牛群的肉牛舍。要固定所用的工具，注意对场所、用具的消毒，出入口设消毒池，进出人员必须经过消毒后，方可进入隔离场所。粪便无害化处理，其他闲杂人员和动物避免接近。如果经查明，场内只有极少数的肉牛患病，为了迅速扑灭疫病并节约人力和物力，可以扑杀患病肉牛
可疑病牛	与传染源或其污染的环境（如同群、同笼或同一运动场等）有过密切接触，但无明显症状的肉牛，有可能处在潜伏期，并有排菌、排毒的危险。对可疑病肉牛所用的用具必须消毒，然后将其转移到其他地方单独饲养，紧急接种和投药治疗，同时，限制活动场所，平时注意观察
假定健康牛	无任何症状，一切正常。要将这些肉牛与上述两类肉牛分开饲养，并做好紧急预防接种工作，同时，加强消毒，仔细观察，一旦发现病肉牛，要及时消毒、隔离。此外，对污染的饲料、垫草、用具、肉牛舍和粪便等进行严格消毒，妥善处理好尸体，做好杀虫、灭鼠、灭蚊蝇工作。在整个封锁期间，禁止所有物品由场内运出和向场内运进

3. 卫生管理

（1）保持肉牛舍以及周围环境卫生。及时清理肉牛舍的污物、污水和垃圾，定期打扫肉牛舍和设备用具的灰尘，每天进行适量的通风，保持肉牛舍清洁卫生。不在肉牛舍周围和道路上堆放废弃物和垃圾。

（2）保持饲料、饲草卫生。饲料、饲草不霉变，不被病原污染，饲喂用具勤清洁消毒。

（3）饮水卫生。饮用水符合卫生标准，水质良好。饮水用具要清洁，饮水系统要定期消毒，并注意肉牛场建好后饮用水源的保护。①水源位置适当。水源位置要选择在远离生产区的管理区内，远离其他污染源，并且建在地势高燥处。肉牛场可以自建深水井和水塔，深层地下水经过地层的过滤作用，又是封闭性水源，水质水量稳定，受污染的机会很少。②加强水源保护。水源周围没有工业和化学污染以及生活污染（不得建厕所、粪池、垃圾场和污水池）等，并在水源周围划定保护区，保护区内禁止一切破坏水环境生态平衡的活动以及破坏水源林、护岸林、与水源保护相关植被的活动。严禁向保护区内倾倒工业废渣、城市垃圾、粪便及其他废弃物。保护区内禁止使用剧毒和高残留农药，不得滥用化肥，不得使用炸药、毒品捕杀鱼类，避免污水流入。③搞好饮水卫生。定期清洗和消毒饮水用具和饮水系统，保持饮水用具的清洁卫生。保证饮水的新鲜。④注意饮水的检测和处理。定期检测水源的水质，污染时要查找原因，及时解决。当水源水质较差时要进行净化和消毒处理。

4. 废弃物无害化处理

（1）粪便处理。粪便堆放要远离肉牛舍，最好经过干湿分离处理，设置专门储粪场，对粪便进行无害化处理，如堆积发酵、生产商品有机肥、生产沼气、蚯蚓养殖综合利用等。

①干湿分离处理（图 5-1）。其工作原理是由泵将原粪水送至主机内，主电动机动员减速机，从而使螺旋轴扭转，挤压出固态物质，液体则由筛网从机体下部的出液口流出。随着原粪水继续进入主机，从而完成批量生产。分离后的固体含水率低，便于装袋运输。可以制成有机肥运送至田间或者较远的缺肥地区使用。

分离后的液体可进入固液分离机进行二次固液分离（图 5-2），分离后污水可进入污水处理管网。也可进入沼气池进行处理转化为

图 5-1 干湿分离设备

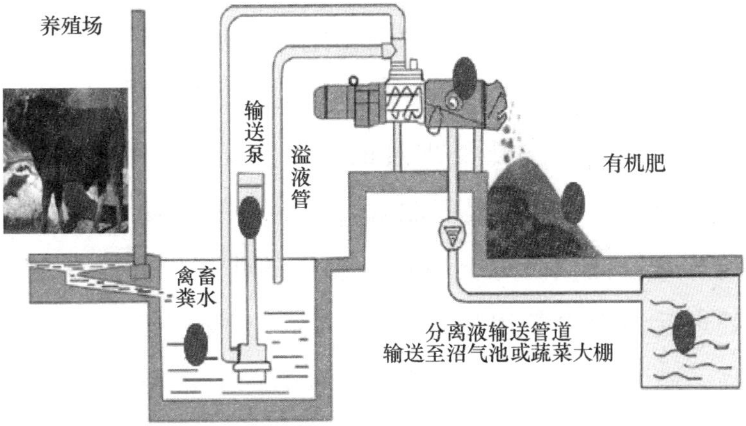

图 5-2 固液分离系统

燃料能源使用，同时解决了沼气池因固体残渣堵塞而导致使用寿命短的问题。经干湿分离的干牛粪发酵后无臭味，可直接做成复合有机肥、垫料和燃料等使用（图 5-3）。废液制作成沼液作为液体肥。既实现畜牧场生产环保，又达到可观的经济收益和生态效益。

复合有机肥　垫料　燃料

图 5-3 牛粪产品

②堆积发酵处理（图 5-4）。肉牛粪尿中的尿素、氨以及钾、磷等，均可被植物吸收。但粪中的蛋白质等未消化的有机物，要经过腐熟分解成 NH_3 或 NH_4^+，才能被植物吸收。所以，肉牛粪尿可作底肥。为提高肥效，应减少肉牛粪中的有害微生物和寄生虫卵的传播与危害，肉牛粪在利用之前最好先经过发酵处理。将肉牛粪尿连同其垫草等污物，堆放在一起，最好在上面覆盖一层泥土，让其增温、腐熟。或将肉牛粪、杂物倒在固定的粪坑内（坑内不能积水），待粪坑堆满后，用泥土覆盖严密，使其发酵、腐熟，经 15～20 d 便可开封使用。经过生物热处理过的肉牛粪肥，既能减少有害微生物、寄生虫的危害，又能提高肥效，减少氨的挥发。肉牛粪中残存的粗纤维虽肥效低，但对土壤具有疏松的作用，可改良土壤结构。直接将处理后的肉牛粪用作各类旱作物、瓜果等经济作物的底肥，其肥效高，肥力持续时间长。或将处理后的肉牛粪尿加水制成粪尿液，用作追肥喷施植物，不仅用量省、肥效快，增产效果也较显著。粪液的制作方法是将肉牛粪存于缸内（或池内），加水密封 10～15 d，经自然发酵后，滤出残余固形物，即可喷施农作物。尚未用完或缓用的粪液，应继续存放于缸中封闭保存，以减少氨的挥发。

图 5-4　堆肥发酵

③生产商品有机肥（图5-5）。利用微生物发酵技术，将牛的粪便经过多重发酵，使其完全腐熟，并彻底杀死有害病菌，使粪便成为无臭、完全腐熟的活性有机肥。生产的有机肥适用于农作物种植、城市绿化以及家庭花卉种植等。将粪便收集到发酵池中，加入配料平衡氮、磷、钾，然后接种微生物发酵菌剂，翻动粪便进行通氧发酵，经过发酵、脱臭和脱水后粉碎、包装，形成颗粒有机肥。

图5-5　有机肥抛撒

④生产沼气。固态或液态粪污均可用于生产沼气。沼气是厌氧微生物（主要是甲烷细菌）分解粪污中含碳有机物而产生的一种混合气体，其中甲烷占60％～75％，二氧化碳占25％～40％，还有少量氧、氢、一氧化碳、硫化氢等气体。将牛粪、牛尿、垫料、污染的草料等投入沼气池内封闭发酵生产沼气，可用于照明、作燃料或发电等。沼气池在厌氧发酵过程中可杀死病原微生物和寄生虫，发酵粪便产气后的沼渣还可再用作肥料。

⑤蚯蚓养殖综合利用（图5-6）。在水泥或砖地面上铺上牛粪养殖蚯蚓，可生产高蛋白饲料。

（2）污水处理。肉牛场必须专设排水设施，以便及时排除雨、雪水及生产污水。设置两套排水系统，雨雪水等直接排放，生产污水排到污水池中进行处理后排放。被病原体污染的污水，可用沉淀法、过滤法和化学药品处理法等进行消毒。比较实用的是化学药品

图 5-6　蚯蚓养殖

消毒法，首先将污水处理池（图 5-7）的出水管用一木闸门关闭，将污水引入污水池后，加入化学药品（如漂白粉或生石灰）进行消毒。消毒药的用量视污水量而定（一般 1 L 污水用 2～5 g 漂白粉）。消毒后，将闸门打开，使污水流出。

图 5-7　污水处理池

废液制做成沼液作为液体肥（图 5-8）。沼液有机肥就是对沼渣、废液进行彻底分离，后经过发酵形成的褐色明亮的液体，含有各类氨基酸、维生素、蛋白质、生长素、糖类和核酸等。沼液的速效营养能力强，养分可利用率高，是多元的速效复合肥料，主要用于浸种、叶面喷肥、拌营养土及保花保果剂、无土栽培母液、种养花卉等。沼液的水质特性使作物吸收极快，既有速效性，又兼具缓效性。研究表明，常施沼液，作物生长健壮，叶片厚度和果实重量显著增加，品质显著提高，可提高产量15%～35%，可溶性糖平均高36%。对作物缺素症，如小叶病有特效；同时改善抗寒生理，提高抗冻能力。液体有机肥施肥槽车将沼液抛撒还田，改善农业环境、提高农产品质量、建立真正的天然生态循环有机农业。

图5-8　液体有机肥

5. 灭鼠杀虫

(1) 灭鼠。鼠是人畜多种传染病的传播媒介，鼠还盗食饲料，咬坏物品，污染饲料和饮水，其危害极大，肉牛场必须加强灭鼠。每2～3个月进行一次彻底灭鼠。化学灭鼠效率高、使用方便、成本低、见效快，生产中常用，但易引起人畜中毒。有些鼠对药物有选择性、拒食性和耐药性。所以，使用时须选好药剂和注意使用方法，以保安全有效。选用鼠吃惯了的食物作饵料，突然投放，饵料充足，分布广泛，以保证灭鼠的效果。肉牛场周围可以使用速效灭鼠药；肉牛舍、运动场等可以使用慢性灭鼠药。

(2) 杀虫。蚊、蝇、蚤、蜱等吸血昆虫会侵袭肉牛并传播疫病，因此，在肉牛生产中，要采取有效措施防止和消灭这些昆虫。搞好肉牛场环境卫生，保持环境清洁、干燥，是杀灭蚊蝇的基本措施。填平无用的污水池、土坑、水沟和洼地。保持排水系统畅通，对阴沟、沟渠等定期疏通，勿使污水储积。对贮水池等容器加盖，以防蚊蝇飞入产卵。肉牛舍内的粪便应定时清除，并及时处理。储粪池应加盖并保持四周环境的清洁。化学杀灭是使用天然或合成的杀虫剂，以不同的剂型（粉剂、乳剂、油剂、水悬剂、颗粒剂和缓释剂等），通过不同途径（喂毒、触杀、熏杀和内吸等），毒杀或驱逐蚊蝇。化学杀虫法具有使用方便、见效快等优点，是当前杀灭蚊蝇的较好方法。

（二）消毒环节

消毒是采用一定方法将养殖场、交通工具和各种被污染物体中病原微生物的数量减少到最低或无害的程度。通过消毒能够杀灭环境中的病原体，切断传播途径，防止传染病的传播与蔓延，是传染病预防措施中的一项重要内容。

1. 消毒方法

（1）物理消毒法。包括机械性清扫、冲洗、加热、干燥、阳光和紫外线照射等方法。如用喷灯对牛经常出入的地方、产房、培育舍，每年进行1～2次火焰瞬间喷射消毒；人员入口处设紫外线灯照射至少5 min来消毒等。

（2）化学消毒法。利用化学消毒剂对病原微生物污染的场地、物品等进行消毒。如在牛舍周围、入口、产房和牛床下面撒生石灰或火碱液进行消毒；用甲醛等对饲养器具在密闭的室内或容器内进行熏蒸；用规定浓度的新洁尔灭、有机碘混合物或煤酚的水溶液洗手、洗工作服或胶鞋。

（3）生物热消毒法。主要用于粪便及污物的消毒，是通过堆积发酵产热杀灭一般病原体的方法。

2. 消毒程序

消毒的程序根据消毒的类型、对象、环境、温度、病原体性质以及传染病流行特点等因素，将多种消毒方法科学合理地加以组合而进行的消毒过程称为消毒程序。

（1）人员消毒（图 5-9）。所有工作人员进入场区大门必须进行鞋底消毒，并经自动喷雾器进行喷雾消毒。进入生产区的人员必须淋浴、更衣、换鞋、洗手，并经紫外线照射 15 min。工作服、鞋、帽等定期消毒（可放在1%～2%碱水内煮沸消毒，也可每立方米空间用 42 mL 福尔马林熏蒸 20 min 消毒）。严禁外来人员进入生产区。进入牛舍人员先踏消毒池（消毒池的消毒液每 3 d 更换 1 次），再洗手后方可进入。工作人员在接触畜群、饲料等之前必须洗手，并用消毒液浸泡消毒 3～5 min。病舍隔离人员和剖检人员在操作前后都要进行严格消毒。

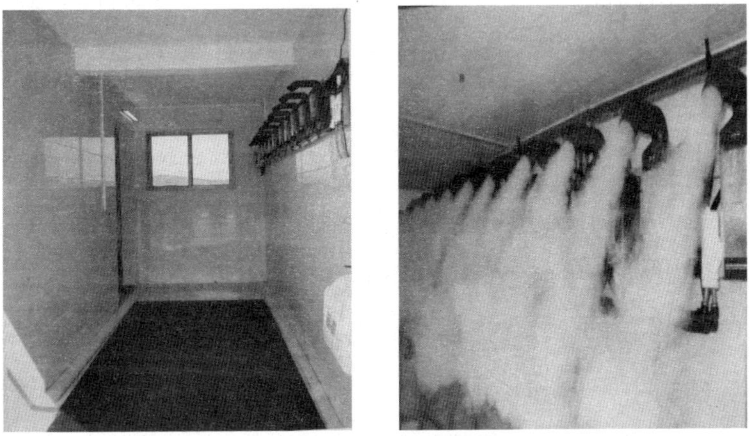

图 5-9　人员通道消毒

（2）车辆消毒（图 5-10、图 5-11）。进入场门的车辆除要经过消毒池外，还必须对车身、车底盘进行高压喷雾消毒，消毒液可用2%过氧乙酸或1%灭毒威。严禁车辆（包括员工的摩托车、自行车）进入生产区。进入生产区的料车每周需彻底消毒 1 次。

图 5-10　消毒池

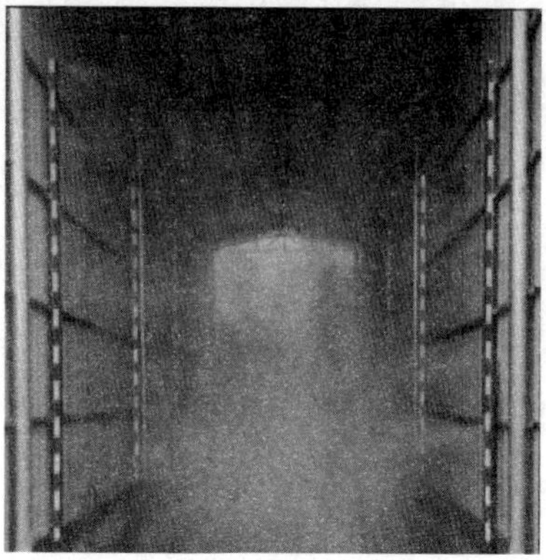

图 5-11　车辆喷雾消毒

（3）环境消毒。①垃圾处理消毒。生产区的垃圾实行分类堆放，并定期收集。每逢周六进行环境清理、消毒和焚烧垃圾。可用3%的氢氧化钠喷湿，阴暗潮湿处撒生石灰。②生活区、办公区消毒。生活区、办公区院落或门前屋后4～10月每7～10 d消毒1次，11月至第二年3月每半月消毒1次。可用2%～3%的火碱或甲醛溶液喷洒消毒。③生产区消毒。生产区道路、每栋舍前后每2～3周消毒1次；每月对场内污水池、堆粪坑、下水道出口消毒1次；使用2%～3%的火碱或甲醛溶液喷洒消毒。④地面土壤消毒。土壤表面可用10%漂白粉溶液、4%福尔马林或10%氢氧化钠溶液消毒。要对传染病的病牛尸体和场所严格消毒，首先用上述漂白粉澄清液喷洒池面，然后将表层土壤掘起30 cm左右，撒上干漂白粉，并与土混合，将此表土妥善运出掩埋。其他传染病所污染的地面土壤，则可先将地面翻一下，深度约30 cm，在翻地的同时撒上干漂白粉（用量为0.5 kg/m^2），然后以水湿润，压平。如果放牧地区被某种病原体污染，一般利用自然因素（如阳光）来消除病原体；如果污染的面积不大，则应使用化学消毒药消毒。

（4）牛舍消毒。①空舍消毒。牛出售或转出后对牛舍进行彻底的清洁消毒，消毒步骤如下。

第一步：清扫。首先对空舍的粪尿、污水、残料、垃圾和墙面、顶棚、水管等处的尘埃进行彻底清扫，并整理归纳舍内饲槽、用具，当发生疫情时，必须先消毒后清扫。

第二步：浸润。对地面、牛栏、出粪口、食槽、粪尿沟、风扇匣和护栏进行低压喷洒，并确保充分浸润，浸润时间不低于 30 min，但时间不能过长，以免干燥、浪费水且不好洗刷。

第三步：冲刷。使用高压冲洗机（图 5-12），由上至下彻底冲洗屋顶、墙壁、栏架、网床、地面、粪尿沟等。用刷子刷洗藏污纳垢的缝隙，尤其是食槽、水槽等，冲刷不要留死角。

第四步：消毒。晾干后，选用广谱高效消毒剂，消毒舍内所有表面、设备和用具，必要时可选用 2%～3%的火碱进行喷雾消毒（图 5-13），30～60 min 后低压冲洗，晾干后用另一种广谱高效消毒药（0.3%好利安）喷雾消毒。然后恢复原来栏舍内的布置，并检查维修，做好进牛前的充分准备。进牛前 1 d 再喷雾消毒。

图 5-12　高压冲洗机

图 5-13　电动喷雾器

第五步：熏蒸。对封闭牛舍冲刷干净、晾干后，最好进行熏蒸消毒。用福尔马林、高锰酸钾熏蒸。方法：熏蒸前封闭所有缝隙、孔洞，计算房间容积，称量好药品。按照福尔马林∶高锰酸钾∶水为2∶1∶1比例配制，福尔马林用量一般为28～42 mL/m^3。盛药容器要比加入福尔马林溶液后的容积大3～4倍。放药时一定要把福尔马林溶液倒入盛高锰酸钾的容器内，室温最好不低于24 ℃，相对湿度在70%～80%。先从牛舍一头逐点倒入，倒入后迅速离开，把门封严，24 h后打开门窗通风。无刺激味后再用消毒剂喷雾消毒1次。②产房和隔离舍消毒。在产犊前应进行1次，产犊高峰时进行多次，产犊结束后再进行1次。在病牛舍、隔离舍的出入口处应放置浸有消毒液的麻袋片或草垫，消毒液可用2%～4%氢氧化钠（对病毒性疾病），或用10%克辽林溶液（对其他疾病）。③带牛消毒。正常情况下选用过氧乙酸或喷雾灵等消毒剂带牛消毒，0.5%含量以下对人畜无害。夏季每周消毒2次，春秋季每周消毒1次，冬季2周消毒1次。如果发生传染病每天或隔天带牛消毒1次，带牛消毒前必须彻底清扫，消毒时不仅限于牛的体表，还包括整个舍的所有空间。应将喷雾器（图5-14）的喷头高举空中，喷嘴向上，让雾料从空中缓慢地下降，雾粒直径控制在80～120 μm，压力为0.2～0.3 kg/cm^2。带牛消毒的药品不宜选用刺激性大的药物。

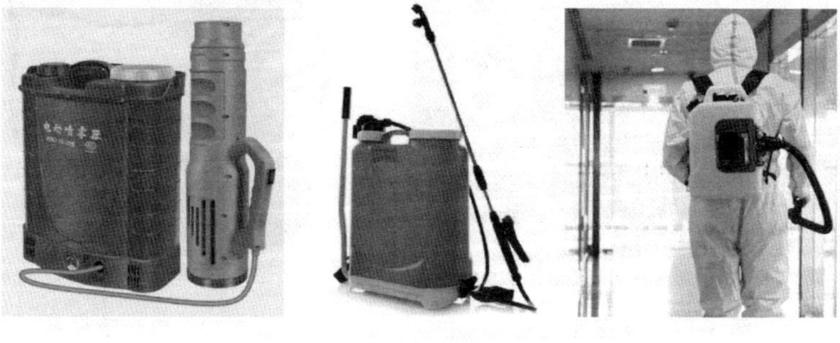

图 5-14　移动喷雾器

（5）废弃物消毒。①粪便消毒。牛的粪便消毒主要采用生物热消毒法，即在距牛场 100 m 以外的地方设一堆粪场，将牛粪堆积起来，上面覆盖 10 cm 厚的沙土，堆放发酵 30 d 左右，即可用作肥料。②污水消毒。最常用的方法是将污水引入污水处理池，加入化学药品（如漂白粉或其他氯制剂）进行消毒，用量视污水量而定，一般 1 L 污水用 2～5 g 漂白粉。

3. 消毒注意事项

一要注意严格按消毒药物说明书的规定配制，药量与水量的比例要准确，不可随意加大或减少药物浓度。二要注意不准任意将两种不同的消毒药物混合使用。三要注意喷雾时，必须全面湿润消毒物的表面。四要注意消毒药物定期更换使用。五要注意消毒药现配现用，搅拌均匀，并尽可能在短时间内一次用完。六要注意消毒前必须搞好卫生，彻底清除粪尿、污水、垃圾。七要注意要有完整的消毒记录，记录消毒时间、牛号、消毒药品、使用浓度、消毒对象等。

（三）人员管理环节

（1）饲养人员要认真遵守饲养管理制度，按时添加饲料、供给饮水，细致观察饲草料有无发霉、变质等；观察牛只采食、饮水、反刍、运动、休息、排粪、排尿等有无异常，若发现不正常现象，及时请兽医检查，进行诊断治疗。工作期间戴口罩，穿工作服，工作前后用肥皂洗手。

（2）饲养人员应坚持每年体检，患有结核病、布鲁氏菌病等人畜共患病者不得担任工作。

（3）饲养员应严格执行各项管理制度及操作规程，自觉听从领导安排，接受技术人员指导。

（4）牛只要定槽定时专人饲养，无特殊情况不得随意更换饲养人员和饲养时间；严禁生人或异声惊吓牛群，牛群按品种、年龄（体重）分群饲养，并提供相应标准和相应数量的草料。

(5) 饲养人员要掌握自己管理的每头牛只的习性和采食情况，严禁对牛粗暴。发现异常情况及时报告技术人员或领导。技术人员每天至少巡访1次。

(6) 工作人员或相关人员进入饲养区，需更换工作服、帽、雨靴，经专用通道消毒15 min。参观指导人员一般不进入饲养区；进入场区的人员、车辆也需经专用通道，并经登记。禁止无关人员入场，禁止携带首饰、发夹、针线等进入饲养区或饲料加工区，场内的施工、维修完毕后，要彻底清理现场。

(7) 所有生产人员均须持有效健康证上岗，时刻注意个人健康，且每年进行1次健康体检，不适应者及时调离。禁止在饲养期间和在工作地点饮水、进食或做其他无关的活动，抽烟、会客等需到专设地方。

（四）科学饲养环节

1. 合理饲养

按时饲喂，饲草和饲料优质，采食足量，合理补饲，供给洁净充足的饮水。不喂霉败饲料，不用污浊或受污染的水饮牛，剔除青干野草中的有毒植物。注意饲料的正确调制处理，妥善储藏以及适当的搭配比例，防止草菜茎叶上残留的农药和误食灭鼠药中毒。

2. 严格管理

注意提供适宜温度、湿度、通风、光照等的环境条件，避免过冷、过热、通风不良、有害气体浓度过高和噪声过大等，减少应激发生。

(1) 舍内温度控制。适宜的温度对肉牛的生长发育非常重要。温度过高过低都会影响肉牛的生长和饲料利用率。环境温度过高，影响牛体热量散失，热平衡遭到破坏，轻者影响肉牛的采食和增重，重者可能导致肉牛中暑直至死亡；温度过低，降低饲料消化率，同时又提高代谢率，以增加产热量维持体温，显著增加饲料消耗，生长速度降低。肉牛舍的适宜温度见表 5-2。

表 5-2　肉牛舍的适宜温度　　单位：℃

类型	最适温度	最低温度	最高温度
肉牛舍	4～20	3	32
哺乳犊牛舍	16～30	5	32
断乳牛舍	13～25	4	32
产房	15～25	10	30

舍内温度的控制措施如下。

①肉牛舍的防寒保暖。牛的抗寒能力较强，但冬季外界气温过低时也会影响肉牛的增重和犊牛的成活率。所以，必须做好肉牛舍的防寒保暖工作。一是加强肉牛舍保温设计。肉牛舍保温隔热设计是维持肉牛舍适宜温度的最经济最有效措施。根据不同类型肉牛舍对温度的要求，设计肉牛舍的屋顶和墙体，使其达到保温要求。二是减少舍内热量散失。如关闭门窗、挂草帘、堵缝洞等措施，减少肉牛舍热量外散和冷空气进入。三是增加外源热量。在肉牛舍的阳面或整个室外肉牛舍搭塑料大棚。利用塑料薄膜的透光性，白天接收太阳能，夜间可在棚上面覆盖草帘，降低热能散失。犊牛舍在必要时可用其采暖。四是防止冷风吹袭牛体。舍内冷风可以来自墙、门、窗等缝隙和进出气口、粪沟的出粪口，局部风速可达 4～5 m/s，可使局部温度下降，影响牛的生产性能。冷风直吹牛体，增加牛体散热，甚至引起伤风感冒。冬季到来前要检修肉牛舍，堵塞缝隙，进出气口加设挡板，出粪口安装插板，以防止冷风的侵袭。

②肉牛舍的防暑降温。夏季，环境温度高，肉牛舍温度更高，使肉牛发生严重的热应激，轻者影响生长和生产，重者导致发病和死亡。因此，必须做好夏季防暑降温工作。一是加强肉牛舍的隔热设计。加强肉牛舍外维护结构的隔热设计，特别是屋顶的隔热设计，可以有效地降低舍内温度。二是环境绿化遮阳。在牛舍或运动场的南面和西面一定距离栽种高大的树木（如树冠较大的梧桐），或丝瓜、眉豆、葡萄、爬山虎等藤蔓植物，以遮挡阳光，减少牛舍的直接受热；在牛舍顶部、窗户的外面或运动场上拉遮光网，实践证明其是有效的降温方法。其遮光率可达 70%，而且使用寿命达 4～5 年。三是墙面刷白。不同颜色对光的吸收率和反射率不同。黑色吸光率最高，而白色反光率很强，可将牛舍的顶部及南面、西面墙面等受到阳光直射的地方刷成白色，以减少牛舍的受热度，增强光反射。可在牛舍的顶部铺放反光膜，可降低舍温 2 ℃左右。四是蒸发降温。牛舍内的温度来自太阳辐射，舍顶是主要的受热部位。降低牛舍顶部热能的传递是降低舍温的有效措施，在牛舍的顶部安装水管和喷淋系统，舍内温度过高时可以使用凉水在舍内进行喷洒、喷雾。五是加强通风。密闭舍加强通风可以增加对流散热。必要时可以安装风机进行机械通风。

（2）舍内湿度控制。相对湿度是指空气中实际水汽压与饱和水汽压的百分比。封闭式牛舍空气的相对湿度以 60%～70%为宜，最高不超过 75%。牛舍要注意防潮和除湿，特别是冬季牛舍封闭的情况下，要注意适量通风。湿度过低时可以通过洒水或喷雾等增加湿度。

（3）舍内光照控制。光照不仅显著影响肉牛繁殖，而且对牛有促进新陈代谢、加速骨骼生长以及活化和增强免疫机能的作用。在舍饲和集约化生产条件下，采用 16 h 光照 8 h 黑暗制度，育肥肉牛采食量增加，日增重得到明显改善。一般要求肉牛舍的采光系数为 1∶16，犊牛舍为1∶(10～14)。

(4) 舍内有害气体控制(图5-15)。牛的呼吸、排泄物和生产过程的有机物分解，可以产生氨气、硫化氢、二氧化碳和一氧化碳等有害气体，危害牛的健康。牛舍中氨气应不高于20 mg/m^3；硫化氢应不高于8 mg/m^3；二氧化碳应不高于1 500 mg/m^3。

图5-15 有害气体检测设备

舍内有害气体控制：一要选择适当的场地；二要加强牛舍管理；三要环境绿化；四要加强通风换气。

(5) 舍内微粒控制。微粒是以固体或液体微小颗粒形式存在于空气中的分散胶体。肉牛舍中的微粒来源于肉牛的活动、采食、哞叫，随着饲养管理过程的进行而产生，如清扫地面、分发饲料、饲喂及通风除臭等机械设备运行。肉牛舍内有机微粒较多，会引起牛的呼吸道病和传染病。牛舍中的可吸入颗粒物(pm10)应不超过2 mg/m^3，总悬浮颗粒物(TSP)应不超过4 mg/m^3。

舍内微粒的控制：一是牛场绿化；二是远离粉尘高的场所；三是保持舍内洁净，禁止干扫；四是保持适宜的湿度和适量的通风换气。

(五) 免疫环节

(1) 养殖小区内所有饲养牛，均应按照免疫程序规定的内容对各种疫病进行疫苗预防注射，各类疫病免疫率要达到100%，确保肉牛安全和人体健康。

（2）每年进行2次牛体内外寄生虫的驱治工作。春秋冬三季驱治胃肠道线虫，夏季防治疥癣。

（3）在使用生物药品前应仔细检查封口、胶盖是否封闭严密。如有裂纹、瓶中含有异物、霉团、摇不散的凝块等变质者均不能使用。瓶签上有关药品名称、批号、使用方法及有效日期等应保持完整，以便查考。过期的生物药品不得使用。

（六）检疫环节

（1）对所养殖的肉牛要定期进行检疫，及时准确掌握其健康状况。新购进的牛只，调入前由兽医人员对调出地进行风险评估，确定为非疫区的方可办理调入手续，与此同时，派出检疫人员赴调出地进行检疫和隔离观察15 d以上，调入后再隔离检疫15 d以上，未发现异常方可投入并群饲养。

（2）肉牛出栏、交易，应先报检，经动物检疫员检疫合格，凭产地检疫合格证明上市交易，出县境须办理出境动物检疫合格证明。出证条件：肉牛来自非疫区，免疫在有效期内，须佩带免疫耳标，临床检查健康。

二、常见病防治

如何区别健康牛与患病牛：①看牛眼。健康牛眼明亮有神、洁净湿润。病牛眼睛无神、两眼下垂不振、反应迟缓、流眼泪、有眼屎。②看牛耳。健康牛双耳常竖立而灵活，病牛低头垂耳、耳不摇动、耳温高或耳尖凉。③看毛色。健康牛被毛整洁有光泽，富有弹性，患病牛被毛蓬乱而无光泽。④看反刍。无病的牛每次采食

30 min 后开始反刍 30～40 min，一昼夜反刍 4～6 h，病牛反刍减少或停止。⑤看动态。无病的牛活动自如，休息时多呈半侧卧势，人一接近即行起立，病牛食欲、反刍减少，放牧常常掉群卧地，出现各种异常姿势。⑥看大小便。无病的牛粪便比较干硬，无异味。小便清亮无色或微带黄色，并有规律，病牛大小便无度，大便或稀或干、甚至停止，小便黄或带血。

（一）传染病

1. 新生犊牛腹泻

病因：新生犊牛腹泻（图 5-16）是一种发病率高、病因复杂、难以治愈、死亡率高的疾病。临床上主要表现为伴有腹泻症状的胃肠炎，全身中毒和机体脱水。

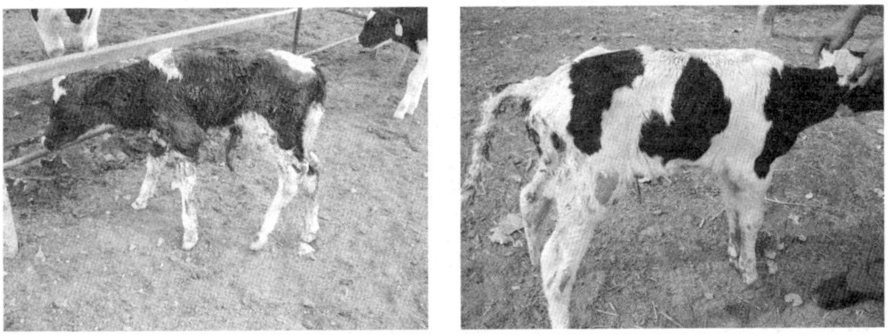

图 5-16 犊牛病毒性腹泻

流行特点：轮状病毒和冠状病毒存在于生后初期的犊牛肠道中，对引发新生犊牛腹泻有极为重要的作用。虽然这两种病毒并不直接引起犊牛死亡，但其存在会使犊牛肠道功能减退，极易继发细菌感染，尤其是致病性大肠杆菌，引起严重的腹泻。另外，母乳过浓、气温突变、饲养管理失误、卫生条件差等，对本病的发生都具有明显的促进作用。犊牛下痢尤其多发于集约化饲养的犊牛群中。

症状：本病多发于生后第2～5天的犊牛。病程为2～3 d，呈急性经过。病犊牛突然表现精神沉郁、食欲废绝、体温高达39.5～40.5 ℃，病后不久，即排灰白、黄白色水样或粥样稀便，粪中混有未消化的凝乳块。后期粪便中含有黏液、血液、伪膜等，粪色由灰色变为褐色或血样，具有酸臭或恶臭气味，尾根和肛门周围被稀粪污染，尿量减少。1 d后，病犊背腰拱起，肛门外翻，常见里急后重，张口伸舌，哞叫，病程后期牛常因脱水衰竭而死。本病可分为败血型、肠毒血型和肠型3类。

（1）败血型主要见于7日龄内未吃过初乳的犊牛，为致病菌由肠道进入血液而致病，常见突然死亡。

（2）肠毒血型主要见于生后7日龄吃过初乳的犊牛，致病性大肠杆菌在肠道内大量增殖并产生肠毒素，肠毒素吸收入血所致。

（3）肠型（白痢）最为常发，见于7～10日龄吃过初乳的犊牛。病死犊牛由于腹泻，而使机体脱水消瘦。病变主要在消化道，呈现严重的卡他性、出血性炎症。肠系膜淋巴结肿大，有的还可见到脾肿大，肝脏与肾脏被膜下出血，心内膜有点状出血。肠内容物如血水样，混有气泡。

预防：对于刚出生的犊牛，可以尽早投服预防剂量的相关药物。如痢菌净等，对于防止本病的发生具有一定的效果。另外，可以给妊娠母牛注射用当地流行的致病性大肠杆菌株所制成的菌苗。在本病发生严重的地区，应考虑给妊娠母牛注射轮状病毒和冠状病毒疫苗。

发病后措施：治疗本病时，最好通过药敏试验，选出敏感药物后再行给药。

常用处方：①静脉注射2支恩诺沙星（10 mL/支，恩诺沙星50 mg，按照2.5 mg/kg体重给药）＋2支黄芪多糖（8 mL）；

②静脉注射复方氯化钠 400 mL＋5％葡萄糖生理盐水 800 mL＋5％碳酸氢钠 200 mL＋地塞米松 20 mg＋维生素 C 25 mL；

③口服酵母片若干。

2. 传染性胸膜肺炎

病因：牛传染性胸膜肺炎（又称牛肺疫）是由丝状支原体丝状亚种引起的一种高度接触性传染病，以渗出性纤维素性肺炎和浆液纤维素性胸膜肺炎为特征。

流行特点：该类病菌对外界环境的抵抗力很弱，暴露在空气中，特别是直射阳光下，几小时即失去毒力。干燥、高温环境下迅速死亡。本病主要是由于健康牛与病牛直接接触传染的，病菌经咳嗽、唾液、尿液排出（飞沫），通过空气经呼吸道传播。适宜的环境气候下，病菌可传播到几千米以外，也可经胎盘传染。传染源为病牛、康复牛及隐性带菌者。隐性带菌者是主要传染源。

症状：自然感染潜伏期一般为 2～4 周，最短 7 d，最长可达 8 个月。

（1）急性病初体温升高达 40～42 ℃，呈稽留热型。鼻翼开放，呼吸急促而浅，呈腹式呼吸和痛性短咳。因胸部疼痛而不愿行走或卧下，肋间下陷，呼气长吸气短。病的后期心脏衰弱，有时有胸腔积液。重症者可见前胸下部及肉垂水肿，尿量少而比重增加，便秘和腹泻交替发生。病畜体况衰弱，眼球下陷、呼吸极度困难，体温下降，最后窒息死亡。急性病例病程为 15～30 d。

（2）慢性多由急性转来，也有开始即为慢性经过的。除体况瘦弱者外，多数症状不明显，偶发干性咳嗽，听诊胸部可能有不大的浊音区。此种病畜在良好饲养管理条件下，症状可缓解逐渐恢复正常。少数病例因病变区域较大、饲养管理条件改变或劳役过度等因素，易引起恶化，预后不良。

预防：对疫区和受威胁区6月龄以上的牛只，均必须每年接种1次牛肺疫兔化弱毒菌苗。不从疫区引进牛只。

发病后措施：发现病畜或可疑病畜，要尽快确诊，上报疫情，划定疫点、疫区、受威胁区。对疫区实行封锁，按《中华人民共和国动物防疫法》规定，采取紧急、强制性的控制和扑灭措施，扑杀患病牛只；彻底消毒栏舍、场地和饲养工具、用具；严格无害化处理污水、污物和粪尿等。严格执行封锁疫区的各项规定。

3. 布鲁氏菌病

病因：布鲁氏菌病是由布鲁氏菌引起的一种人兽共患疾病。其特征是生殖器官和胎膜发炎，引起流产、不育和各种组织的局部病灶。

流行病学：布鲁氏菌属有6个种，相互间各有差别。习惯上将流产布鲁氏菌称为牛布鲁氏菌。母牛较公牛易感，犊牛对本病具有抵抗力。随着年龄的增长，抵抗力逐渐减弱，性成熟后，对本病最为敏感。病畜可成为本病的主要传染源，尤其是受感染的母畜，流产后的阴道分泌物以及乳汁中都含有布鲁氏菌。易感牛主要是由于摄入了被布鲁氏菌污染的饲料和饮水而感染。也可通过皮肤创伤感染。病牛将终生带菌，不能治愈，并且不定期地随乳汁、精液、脓汁，特别是母畜流产的胎儿、胎衣、羊水、子宫和阴道分泌物等排出体外，扩大感染。人主要是由于手部接触到病菌后再经口腔进入体内而发生感染。

症状：牛感染布鲁氏菌后，潜伏期通常为2周至6个月。主要临床症状为母牛流产，也能出现低烧状况，但常被忽视。妊娠母牛在任何时期都可能发生流产，但流产主要发生在妊娠后的第6～8个月。流产过的母牛，如果再次发生流产，其流产时间会向后推迟。流产前可表现出临产时的症状，如阴唇、乳房肿大等。但在阴道黏膜上可以见到粟粒大红色结节，并且从阴道内流出灰白色或灰色黏性分泌物。流产时常见有胎衣不下状况。流产的胎儿有的产前已死亡；有的产出虽然活着，但很衰弱，不久即死。公牛患本病后，主要发生睾丸炎和副睾炎。初期睾丸肿胀、疼痛，中度发热和食欲不振。3周以后，疼痛逐渐减轻；表现为睾丸和附睾肿大，触之坚硬。此外，病牛还可出现关节炎，严重时关节肿胀疼痛，重病牛则卧地不起。牛流产1～2次后，可以转为正常生产，但仍然能传播本病。由于母体胎盘与胎儿胎盘炎性坏死，引起流产。胎儿胎盘与母体胎盘粘连，导致胎衣不下，可继发子宫炎。胎儿真胃内含有微黄色或白色黏液及絮状物；胃肠、膀胱黏膜和浆膜上有的有出血点；肝、脾和淋巴结有不同程度的肿胀。

预防：阴性牛与受威胁牛群应全部免疫。种牛每年要全部检疫，其产品必须具有布鲁氏菌病检疫合格证方可出售。

发病后措施：本病不允许治疗，发现病牛后采取严格的扑杀措施，彻底销毁病牛尸体及其污染物。在本病的控制区和稳定控制区内，停止注射疫苗；对易感牛实行定期疫情监测，及时扑杀病牛。在未控制区内，主要以免疫为主，定期抽检，发现阳性牛时应全部扑杀。在疫区内，如果出现布鲁氏菌病疫情暴发，疫点内牛群必须全部进行检疫，阳性病牛全部扑杀，不进行免疫。

4. 结核病

病因：牛结核病是由结核分枝杆菌引起的人畜和禽类共患的一种慢性传染病。其病理特点是在机体多种组织器官中形成结核结节性肉芽肿和干酪样坏死，钙化结节性病灶。

流行病学：结核病牛是主要传染源，结核杆菌在机体中分布于各个器官的病灶内，因病牛能由粪便、乳汁、尿及气管分泌物排出病菌，污染周围环境而散布传染。主要经呼吸道和消化道传染，也可经胎盘传播或交配感染。本病一年四季都可发生。一般说来，舍饲的牛发生较多。牛舍拥挤、阴暗、潮湿、污秽不洁，过度使役和挤乳，饲养不良等，均可促进本病的发生和传播。

症状：潜伏期一般为10～15 d，有时达数月以上。病程呈慢性经过，表现为进行性消瘦，咳嗽、呼吸困难，体温一般正常。在牛中本菌多侵害肺、乳房、肠和淋巴结等。①肺结核：病牛呈进行性消瘦，病初有短促干咳，渐变为湿性咳嗽。听诊肺区有啰音，胸膜结核时可听到摩擦音。叩诊有实音区并有痛感。②乳房结核：乳量渐少或停止泌乳，乳汁稀薄，有时混有脓块。乳房淋巴结硬肿，但无热痛。③淋巴结核：不是一个独立病型，各种结核病的附近淋巴结都可能发生病变。④肠结核：多见于犊牛，以便秘与下痢交替出现或顽固性下痢为特征。⑤神经结核：中枢神经系统受侵害时，在脑和脑膜等可发生粟粒状或干酪样结核，常引起神经症状，如癫痫样发作、运动障碍等。

预防：定期对牛群进行检疫，阳性牛必须予以扑杀，并进行无害化处理；每年定期大消毒2～4次，牧场及牛舍出入口处，设置消毒池，饲养用具每月定期消毒1次；粪便经发酵后利用。

发病后措施：病牛应按《中华人民共和国动物防疫法》及有关规定，采取严格扑杀措施，防止扩散。检出病牛时，要做临时消毒和及时净化处理。

5. 口蹄疫

病因：牛口蹄疫是由口蹄疫病毒引起的偶蹄类动物共患的急性、热性和接触性传染病。其临床特征是口腔黏膜、乳房和蹄部出现水泡，尤其在口腔（图5-17）和蹄部的病变比较明显。

流行特点：对酸、碱特别敏感；1%～2%氢氧化钠或4%碳酸氢钠液1 min内可将病毒杀死。85 ℃ 1 min即可杀死病毒。牛奶经

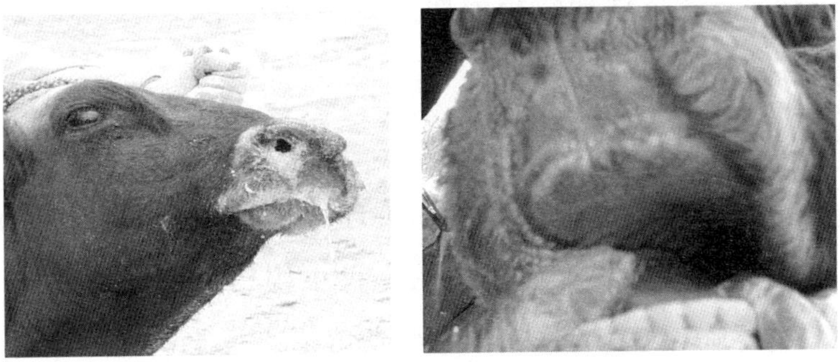

图 5-17 口腔症状

巴氏消毒（72 ℃ 15 min）能使病毒感染力丧失。本病发生无明显的季节性，但以秋末、冬春为发病盛期。本病以直接接触和间接接触的方式进行传递，病牛是本病的传染源。

症状：口蹄疫病毒侵入牛体后，经过 2～3 d，有的则可达 7～21 d 的潜伏时间，才出现症状。症状表现为口腔、鼻、舌、乳房和蹄等部位出现水泡，12～36 h 后出现破溃，局部露出鲜红色糜烂面；体温升高达 40～41 ℃；精神沉郁，食欲减退，脉搏和呼吸加快；流涎呈泡沫状；乳头上水泡破溃，挤乳时疼痛不安；蹄水泡破溃，蹄痛跛行，蹄壳边缘溃裂，重者蹄壳脱落。犊牛常因心肌麻痹死亡，剖检可见心肌出现浅黄色或灰白色、带状或点状条纹，似如虎皮，故称“虎斑心”。有的牛还会发生乳房炎、流产症状。该病在成年牛发生一般死亡率不高，通常为 1%～3%，但在犊牛，由于发生心肌炎和出血性肠炎，死亡率很高。

预防：牛 AO 型口蹄疫灭活苗 2 mL 肌内注射，免疫期 6 个月。

发病后措施：按《中华人民共和国动物防疫法》规定，一旦发病，应及时报告疫情，同时在疫区严格实施封锁、隔离、扑杀、销毁、消毒、无害化处理和紧急免疫接种等强制性措施；在紧急情况下，可应用口蹄疫高免血清或康复动物血清进行被动免疫，按体重

0.5～1 mL/kg 皮下注射，免疫期约 2 周。

（二）寄生虫病

焦虫病

病因：病原为牛巴贝西焦虫和牛环形泰勒焦虫两种。牛焦虫病是以蜱（图 5-18）为媒介而传播的一种虫媒传染病。焦虫寄生于红细胞内，主要临床症状是高热贫血或黄疸、反刍停止、泌乳停止、食欲减退，消瘦严重者则造成死亡。

流行特点：此病以散发和地方流行为主，多发生于夏秋季节，以 7～9 月为发病高峰期。有病区当地牛发病率较低，死亡率约为 40%；由无病区运进有病区的牛发病率高，死亡率可达 60%～92%。

图 5-18　蜱虫

症状：本病的最早表现是高热，体温升高到 40～42 ℃，并维持不退。精神沉郁，反刍停止，食欲减退或消失，便秘或下痢，心跳、呼吸加快。黏膜苍白，黄疸，尿色由淡红直到黑红色。

预防：由于焦虫病由蜱传播，灭蜱是防止本病的主要环节。

（1）牛体上灭蜱。蜱虫体大，叮咬于牛体上不活动，如寄生数量不多，可人工摘除，摘下的蜱体集中烧掉。数量多时可将 2% 双甲脒配成 80 mg/L 浓度喷洒牛体。

（2）牛舍内灭蜱。有些蜱在非寄生时，藏身在牛舍的墙缝或饲槽裂缝内，这时可先向缝内喷入1%的敌百虫液，再用水泥或石灰堵塞裂缝。

（3）草地上灭蜱。调查哪些草地、牧场是蜱滋生场所，放牧时应避开这些场地。也可将这些牧地翻耕，播种，在休闲季节烧荒，以杀死其中的蜱或用双甲脒喷洒（浓度同上）。

治疗：①血虫净（贝尼尔），按体重8 mg/kg，以注射用水配成5%溶液，深部肌内注射，隔日1次，连用3次。②盐酸吖啶黄，按体重3～4 mg/kg（每头牛最大剂量不超过2 g），以注射用水配成0.5%～1%溶液静脉注射，必要时经过48～72 h后重复用药一次。③阿卡普林，按体重用药1 mg/kg，配成5%的溶液，皮下注射。本药易产生过敏反应，宜先皮下注射0.1%肾上腺素10～15 mL。

（三）营养代谢病

1. 佝偻病

佝偻病是由于犊牛饲料中钙、磷缺乏，钙、磷比例失调或吸收障碍而引起的骨结构不适当钙化，以生长骨的骨骼肥大和变形为特征。

病因：发病原因为日粮中钙、磷缺乏，或者是由于维生素D不足影响钙、磷的吸收和利用，而导致骨骼异常，饲料利用率降低、异嗜、生长速度下降。

症状：不愿行走而呆立或卧地，食欲不振、啃食墙壁、泥沙，换齿时间推迟，关节常肿大，步态强拘，跛行，起立困难。膝、腕、飞节、膝关节的骨端肿大，呈二重关节。肋骨与肋软骨接合部肿胀，呈佝偻病念珠状。脊柱侧弯、凹弯、凸弯，骨盆狭窄。上颌骨肿胀，口腔变窄，出现鼻塞和呼吸困难。营养状况欠佳，精神不振，逐渐消瘦，最终发生恶病质。尸体剖检主要病理变化在骨骼和关节，全身骨骼都有不同程度的肿胀、疏松，骨密质变薄，骨髓质变大，肋骨变形，胸脊骨呈“S”状弯曲，管状骨很易折断。关节软骨肿胀，有的有较大的软骨缺损。根据临床症状和骨骼的病理变化一般可做出诊断。对饲料中钙、磷、维生素D含量检测可做出确切诊断。

预防：本病的病程较长，其病理变化是逐渐发生的，骨骼变形后极难复原，故应以预防为主。本病的预防并不困难，只要能够坚持满足牛的各个生长时期对钙、磷的需要，并调整好两者的比例关系，即可有效地预防本病发生。

(1) 科学补钙。不同用途的牛群均应喂给全价日粮，以保证钙、磷的平衡供给，防止钙、磷的缺乏。

(2) 供给维生素D。饲料中维生素D的供给应能满足牛的正常需要，以防发生维生素D缺乏。但应注意，也不可长期大剂量的添加维生素D，以防发生中毒。

(3) 定期驱虫。牛群应定期用伊维菌素进行驱虫，以保证各种营养素的吸收和利用。

发病后措施：用维生素D注射液0.15万～0.3万IU/次，肌内注射1次/2 d，连用3～5次。或维生素A、维生素D注射液（维生素A 25万IU、维生素D 2.5万IU）2～4 mL/次，肌内注射1次/d，连用3～5 d。并用磷酸氢钙2 g/头，1次/d，全群拌料混饲，连用5～7 d。

2. 维生素A缺乏症

维生素A缺乏症是由日粮中维生素A原（胡萝卜素等）和维生素A供应不足或消化吸收障碍引起的以黏膜、皮肤上皮角化变质，生长停滞，干眼症和夜盲症为特征的疾病。

病因：长期饲喂不含动物性饲料或使用白玉米的日粮，又不注意补充维生素A时就易产生维生素A缺乏症。饲料中油脂缺乏，长期拉稀，肝胆疾病，十二指肠炎症等都可造成维生素 A 的吸收障碍。

临床症状：维生素 A 缺乏多见于犊牛，主要表现为生长发育迟缓，消瘦，精神沉郁，共济运动失调，嗜睡。眼睑肿胀、流泪，眼内有干酪样物质积聚，常将上、下眼睑粘连在一起，出现夜盲。角膜混浊不透明，严重者角膜软化或穿孔，直至失明。常伴发上呼吸道炎症或支气管肺炎，出现咳嗽、呼吸困难、体温升高、心跳加快、鼻孔流出黏液或黏液脓性分泌物。成年牛表现消化紊乱，前胃弛缓，精神沉郁，被毛粗乱，进行性消瘦，夜盲，甚至出现角膜混浊、溃疡。母牛表现不孕、流产、胎衣不下；公牛肾脏功能障碍，尿酸盐排泄受阻，有时发生尿结石，性机能减退，精液品质下降。根据流行病学和临床症状，可做出初步诊断。通过测定日粮的维生素 A 含量，可做出确切诊断。

预防：停喂储存过久的饲料，不能饲喂霉变饲料；全年均应供给适量的青绿饲料，避免终年只喂给农作物秸秆。

发病后措施：鱼肝油 50～80 mL/次，拌入精饲料喂给，1 次/d，连用 3～5 d。并用苍术 50～80 g/次，混入精饲料中全群喂给，1 次/d，连用 5～7 d。或维生素 A、维生素 D 注射液（维生素 A 25 万 IU、维生素 D 2.5 万 IU）10 mL/次，肌内注射，1 次/d，连用 3～5 d。并用胡萝卜 500 g/头，全群喂给，1 次/d，连用 10～15 d。

（四）中毒

1. 有机磷农药中毒

有机磷农药是农业上常用的杀虫剂之一，引起家畜中毒的有机磷农药，主要有内吸磷、乐果、敌百虫、马拉硫磷和乙硫磷等。

病因：引起中毒的原因主要是误食喷洒有机磷农药的青草或庄稼，误饮被有机磷农药污染的饮水，误用配制农药的容器当作饲槽或水桶来喂饮家畜，滥用农药驱虫等。

症状：病牛突然发病，表现为流涎、流泪，口角有白色泡沫，瞳孔缩小，视力减弱或消失，排粪次数增多或腹泻带血。严重的病例则表现为狂躁不安，共济失调，肌痉挛及震颤，呼吸困难。晚期病牛出现癫痫样抽搐，脉搏和呼吸减慢，最后因呼吸肌麻痹窒息死亡。

预防：健全农药的保管制度；用农药处理过的种子和配好的溶液，不得随便堆放；配制及喷洒农药的器具要妥善保管；喷洒农药最好在早晚无风时进行；喷洒过农药的地方，应插上“有毒”的标志，1 个月内禁止放牧或割草；不滥用农药来杀灭家畜体表寄生虫。

发病后措施：发现病牛后，立即将病牛与毒物脱离开，紧急使用阿托品与解磷定进行综合治疗。可根据病情的严重程度等有关情况选择不同的治疗方案。大剂量使用阿托品（即一般剂量的 2 倍），为 0.06～0.2 g，皮下注射或静脉注射，每隔 1～2 h 用 1 次，可使症状明显减轻。在此治疗基础上，配合解磷定或氯磷定 5～10 g，配成 2%～5%水溶液静脉注射，每隔 4～5 h 用药 1 次。有效反应为：瞳孔放大，流涎减少，口腔干燥，视力恢复，症状显著减轻或消失。另外双复磷比氯磷定效果更好，剂量按体重 10～20 mg/kg 给药。对严重脱水的病牛，应当静脉补液，对心功能差的病牛，应使用强心药。对于经口吃入毒物而致病的牛，可早期洗胃；对因体表接触引起中毒的病牛，可进行体表刷洗。

2. 尿素中毒

病因：尿素可以作为牛的蛋白质饲料，还可以用于小麦秸秆的氨化。但若用量不当，则可导致牛尿素中毒。尿素喂量过多，或喂法不当，或被大量误食即可中毒。

症状：牛过量采食尿素后 30～60 min 即可发病。病初表现不安，呻吟，流涎，肌肉震颤，体躯摇晃，步样不稳。继而反复痉挛，呼吸困难，脉搏增速，从鼻腔和口腔流出泡沫样液体。末期全身痉挛出汗，眼球震颤，肛门松弛，几小时内死亡。

预防：严格化肥保管制度，防止牛误食尿素。用尿素作饲料添加剂时，应严格掌握用量，体重 500 kg 的成年牛，用量不超过 150 g/d。尿素以拌在饲料中喂给为宜，不得化水饮服或单喂，喂后 2 h 内不能饮水。如果日粮蛋白质已足够，不宜加喂尿素。犊牛不宜使用尿素。

发病后措施：发现病牛后，应立即隔离治疗，可根据病情的严重程度等有关情况选择不同的治疗方法。发现牛尿素中毒后，立即灌服食醋或醋酸等弱酸溶液，如 1%醋酸 1 L、糖 250～500 g、水 1 L，或食醋 500 mL，加水 1 L，一次内服。静脉注射 10%葡萄糖酸钙 200～400 mL，或静脉注射 10%硫代硫酸钠溶液 100～200 mL，同时应用强心剂、利尿剂和高渗葡萄糖等治疗。

3. 棉籽饼中毒

病因：棉籽饼是一种富含蛋白质的良好饲料，但其中含有毒物质棉酚，如果未经脱酚或调制不当，大量或长期饲喂，可引起中毒。

症状：长期以棉籽饼喂牛易出现维生素 A 和钙缺乏症，表现为食欲减退，消化系统紊乱，尿频，尿淋漓或形成尿道结石，使牛不能排尿。用棉籽饼喂牛 5～6 个月，可引起牛的夜盲症。一次喂给大量的棉籽饼，可引起牛的急性中毒。病牛食欲废绝，反刍停止，瘤胃内容物充盈，蠕动迟缓，排粪量少而干，患病后期牛可能拉稀粪，排尿时可能带血。病牛眼窝下陷，皮肤弹性下降，严重脱水和明显消瘦。

预防：限量限期饲喂棉籽饼，防止一次过食或长期饲喂。饲料必须多样化。用棉籽饼作饲料时，要加温到 80～85 ℃并保持 3～4 h 或以上，弃上面的漂浮物，冷却后再饲喂。也可将棉籽饼用 1%氢氧化钙液或 2%熟石灰或 0.1%硫酸亚铁液浸泡一昼夜，然后用清水洗后再喂。牛每天的饲喂量不超过 1.5 kg，犊牛最好不喂。霉败变质的棉籽饼不能用作饲料。

发病后措施：立即消除致病因素，停止饲喂棉籽饼，用 0.1%高锰酸钾洗胃，也可用 2%小苏打溶液洗胃。可根据病情的严重程度等有关情况选择不同的治疗方法。将硫酸镁或硫酸钠 300～500 g 溶于 2 000～3 000 mL 水中，灌服，以促进牛加速排泄。若病牛并发胃肠炎时，可将磺胺脒 30～40 g、鞣酸蛋白 20～50 g，溶于 500～1 000 mL 水中，灌服。此外，也可用硫酸亚铁 7～15 g 灌服。同时，采取措施对症治疗。当病牛有脱水症状且心功能不好时，可用 25%葡萄糖 500～1 000 mL，10%安钠咖 20 mL，10%氯化钙 100 mL，混合后静脉注射。对发病牛增喂青绿饲草及胡萝卜，有助于病牛的康复。

4. 饲料级 NaCl 中毒

饲料级 NaCl 是牛饲料的重要组成部分，缺少常可导致牛异食癖及代谢机能紊乱，影响牛的生长发育及生产性能发挥。但过量食用或饲喂不当，又可引起牛体中毒，发生消化道炎症和脑水肿等一系列病变。牛的一般中毒量为 1.0～2.2 g/kg 体重。

病因：长期缺饲料级 NaCl 饲养的牛突然加喂，又未加限制，造成牛大量采食；水不足也是导致牛食饲料级 NaCl 中毒的原因之一；给牛饲喂腌菜的废水、酱渣；饲料级 NaCl 存放不当，被牛偷食，过量而中毒。

症状：病牛精神沉郁，食欲减退，眼结膜充血，眼球外突，口干，饮欲增加，伴有腹泻、腹痛症状，运动失调，步态蹒跚。有的牛只还伴有神经症状，乱跑乱跳，做圆圈运动。严重者卧地不起，食欲废绝，呼吸困难，濒临死亡。

预防：保证充分的饮水；在给牛饲喂残渣废水时，必须适当限制用量，并同其他饲料搭配饲喂。饲料中的饲料级 NaCl 含量要适宜。饲料级 NaCl 要注意保管存放，不要让牛接近，以防偷食。

发病后措施：立即停喂饲料级 NaCl。本病无特效解毒药，治疗原则主要是促进饲料级 NaCl 排出，恢复阳离子平衡，并对症治疗。恢复血液中阳离子平衡，可静脉注射 10%葡萄糖酸钙 200～400 mL；缓解脑水肿，可静脉注射甘露醇 1 000 mL；病牛出现神经症状时，用 25%硫酸镁 10～25 g 肌内注射也可静脉注射，以镇静解痉。以上是针对成年牛发病的药物使用剂量，犊牛酌减。

（五）其他病

1. 前胃弛缓

前胃弛缓是指瘤胃的兴奋性降低、收缩力减弱和消化功能紊乱的一种疾病，多见于舍饲的肉牛。

病因：前胃弛缓病因比较复杂。一般分原发性和继发性两种。原发性病因包括长期饲料过于单纯，饲料质量低劣，饲料变质，饲养管理不当，应激反应等。继发性病因包括由胃肠疾病、营养代谢病及某些传染病继发而成。

症状：按照病程可分急性和慢性两种类型。急性时，病牛表现精神委顿，食欲、反刍减少或消失，瘤胃收缩力降低，蠕动次数减少。嗳气且带酸臭味，瘤胃蠕动音低沉，触诊瘤胃松软，初期粪便干硬色深，继而发生腹泻。体温、脉搏、呼吸一般无明显变化。随病程的发展，到瘤胃酸中毒时，病牛呻吟，食欲降低、反刍停止，排出棕褐色糊状粪便，恶臭。精神高度沉郁、鼻镜干燥，眼球下陷，黏膜发绀，脱水，体温下降等。听诊时蠕动音微弱。由急性发展为慢性时，病牛表现食欲不定，有异嗜现象，反刍减弱，便秘，粪便干硬，表面附着黏液，或便秘与腹泻交替发生，脱水，眼球下陷，逐渐消瘦。

预防：本病要重视预防，改进饲养管理，注意运动，合理调制饲料，不饲喂霉败、冰冻等品质不良的饲料，防止突然更换饲料，饲喂要定时、定量。

发病后措施：提高前胃的兴奋性，增强前胃运动机能，制止瘤胃内异常发酵过程，防止酸中毒，恢复牛正常的反刍，改变胃内微生物区系的环境，提高纤毛虫的活力。病初先停食 1～2 d，后改喂青草或优质干草。通常用饲料级 NaCl 250 g、硫酸镁 500 g、小苏打 90 g，加水灌服；或一次静脉注射 10%氯化钠 500 mL、10%安钠咖 20 mL；为防止脱水和自体中毒，可静脉滴入等渗糖盐水 2 000～4 000 mL，5%碳酸氢钠 1 000 mL 和 10%安钠咖 20 mL。可应用中药健胃散或消食平胃散 250 g，内服，1 次/d 或隔日 1 次。马钱子酊 10～30 mL，内服。针灸脾俞、后海、滴明、顺气等穴位。

2. 瘤胃臌气

瘤胃臌气是指瘤胃内容物急剧发酵产气，对气体的吸收和排出障碍，致使胃壁急剧扩张的一种疾病。放牧的肉牛多发。

病因：常见原发性病因为采食了大量易发酵的青绿饲料，特别是以饲喂干草为主转化为喂青草为主的季节或大量采食新鲜多汁的豆科牧草或青草时，如新鲜苜蓿、三叶草等，最易导致本病发生。此外，食入腐败变质、冰冻和品质不良的饲料也可引起臌气。继发性瘤胃臌胀常见前胃弛缓、瓣胃阻塞和膈疝等引起排气障碍，致使瘤胃扩张而发生臌胀。本病还可继发于食道梗塞和创伤性网胃炎等疾病过程中。

症状：按病程可分为急性和慢性臌胀两种。急性多于采食后不久或采食中突然发作，出现瘤胃臌胀。病牛腹围急剧增大，尤其是以左肷部明显，叩诊瘤胃紧张而呈鼓音，病牛腹痛不安，不断回头顾腹，或以后肢踢腹，频频起卧。食欲、反刍、嗳气停止，瘤胃蠕动减弱或消失。呼吸高度困难，颈部伸直，前肢开张，张口伸舌，呼吸加快。结膜发绀，脉搏快而弱。严重时，眼球向外突出。最后运动失调，站立不稳而卧倒于地。继发性臌胀症状时好时坏，反复发作。

预防：本病以预防为主，改善饲养管理。防止贪食过多幼嫩多汁的豆科牧草，尤其由舍饲转为放牧时，应先喂些干草或粗饲料。不喂发酵霉败、冰冻或霜雪、露水浸湿的饲料。变换饲料要有过渡适应阶段。

发病后措施：首先排气减压，对一般轻症者，可使病牛取前高后低站立姿势，同时将涂有松馏油或大酱的小木棒横衔于口中，用绳拴在角上固定，使牛张口，不断咀嚼，促进嗳气。对于重症者，要立即将胃管从口腔插入胃，用力推压左侧腹壁，使气体排出。或使用套管针穿刺法，左肷凹陷部剪毛，用5%碘酒消毒，将套管针垂直刺入瘤胃，缓慢放气。最后拔出套管针，穿刺部位用碘酒彻底消毒。对于泡沫性瘤胃臌胀，可用植物油（豆油、花生油、棉籽油等）或液态石蜡 250～500 mL，一次内服。此外可酌情使用缓泻制酵剂，如硫酸镁 500～800 g，福尔马林 20～30 mL，加水 5～6 L，一次内服；或液态石蜡 1～2 L，鱼石脂 10～20 g，温水 1～2 L，一次内服。

3. 瘤胃积食

瘤胃积食是以瘤胃内积滞过量食物，导致以体积增大、胃壁扩张和运动机能紊乱为特征的一种疾病。本病以舍饲肉牛多见。

病因：本病是由于瘤胃内积滞过量干固的饲料，引起瘤胃壁扩张，从而导致瘤胃运动及消化机能紊乱。长期大量喂精饲料及糟粕类饲料，粗饲料喂量过低；牛偷吃大量精饲料，长期采食大量粗硬劣质难消化的饲料（豆秸、小麦秸秆等）或采食大量适口易膨胀的饲料，均可促使本病的发生。突然变换饲料和饮水不足等也可诱发本病。此外，还可继发于瘤胃弛缓、瓣胃阻塞和创伤性网胃炎等疾病的病程中。

症状：食欲、反刍、嗳气减少或废绝，病牛表现呻吟努责、腹痛不安、腹围显著增大，尤其是左肷部明显。排软便或腹泻，尿少或无尿，鼻镜干燥，呼吸困难，结膜发绀，脉搏快而弱，体温正常。到后期出现严重的脱水和酸中毒，眼球下陷，红细胞比容由30%增加到60%，瘤胃内 pH 明显下降。最后出现步态不稳，站立困难，昏迷倒地等症状。

预防：关键是防止过食。严格执行饲喂制度，饲料按时按量供给，加固牛栏，防止偷跑的牛偷食饲料。避免突然更换饲料，粗饲料应适当加工软化。

发病后措施：可采取禁食 1～2 d 后给予优质干草。取硫酸镁500～1 000 g，配成 8%～10%水溶液灌服，或用蓖麻油 500～1 000 mL，液态石蜡 1 000～1 500 mL，灌服，以加快胃内容物排出。另外，可用 4%碳酸氢钠溶液洗胃，尽量将瘤胃内容物导出。对于虚弱脱水的病牛，可用 5%葡萄糖生理盐水 1 500～3 000 mL、5%碳酸氢钠500～1 000 mL、25%葡萄糖溶液 500 mL，一次静脉注射。以排除瘤胃内容物，制止发酵，防止自体中毒和提高瘤胃的兴奋性为治疗原则。应用中药消积散或曲麦散 250～500 g，内服，1 次/d 或隔日1 次。针灸脾俞、后海、滴明、顺气等穴位。在上述保守疗法无效时，则应立即进行瘤胃切开术，取出大部分内容物以后，放入适量健康牛的瘤胃液。

4. 瘤胃酸中毒

瘤胃酸中毒是由于采食大量精饲料或长期饲喂酸度过高的青贮饲料，在瘤胃内产生大量乳酸等有机酸而引起的一种代谢性酸中毒。该病的特征是消化功能紊乱，瘫痪、休克和死亡率高。

病因：过食或偷食大量谷物饲料，如玉米、小麦和红薯干，特别是粉碎过细的谷物，由于淀粉充分暴露，在瘤胃内高度发酵产生大量乳酸或长期饲喂酸度过高的青贮饲料而引起中毒，气候突变等应激情况下，肉牛消化机能紊乱，容易导致本病。

症状：本病多急性经过，初期，食欲、反刍减少或废绝，瘤胃蠕动减弱，胀满，腹泻、粪便酸臭、脱水、少尿或无尿，呆立。不愿行走，步态蹒跚，眼窝凹陷，严重时，瘫痪卧地，头向背侧弯曲，呈角弓反张样，呻吟，磨牙，视力障碍，体温偏低，心率加快，呼吸浅而快。

预防：应注意生长育肥期肉牛饲料的选择和调制，注意精粗比例，不可随意加料或补料，适当添加矿物质、微量元素和维生素添加剂。对含碳水化合物较高或粗饲料以青贮为主的日粮，适当添加碳酸氢钠。

发病后措施：对发病牛在去除病因的同时抑制酸中毒，解除脱水和强心。禁食 1～2 d，限制饮水。为缓解酸中毒，可静脉注射 5%碳酸氢钠 1 000～5 000 mL，1～2 次/d。为促进乳酸代谢，可肌内注射维生素 B_1 0.3 g，同时内服酵母片。为补充体液和电解质，促进血液循环和毒素的排出，常采用糖盐水、复方生理盐水、低分子的右旋糖酐各 1 000 mL，混合静脉注射，同时加入适量的强心剂。适当应用瘤胃兴奋剂，皮下注射新斯的明、毛果芸香碱和卡巴胆碱等。

5. 创伤性网胃炎

病因：草料内混有尖锐异物，如铁钉、铁丝、小铁片等被牛食入。由于胃的运动方式，这些异物往往累积在网胃中，严重影响牛的采食和食糜的输送，引起胃机能障碍，甚至穿透网胃壁和横膈，刺伤心包等。

症状：突然食物废绝，反刍停止，磨牙、呻吟，不愿行走和弓背无神，鼻镜干燥，被毛无光。触诊网胃区敏感，听诊瘤胃蠕动弱。

预防：预防办法是注意饲草的清理，随时拣除异物，或在铡草机输送口安装磁铁。

发病后措施：把牛胃强磁吸铁器由口腔插入胃内，吸出铁器或切开瘤胃取出异物。药物治疗作用不太大。

6. 食道阻塞

病因：主要是吞食过大的块状饲料，如萝卜、玉米棒等引起。其次由于饥饿、采食过急、吞咽太猛或突然惊吓以及食道狭窄、麻痹痉挛使块物或异物突然阻塞食道。

症状：从鼻孔流出白色泡沫口水，停食，有呕吐或吞咽动作，摆头缩颈直伸。有时可在左侧食道沟内摸到硬块。

发病后措施：根据阻塞部位确定治疗方法。阻塞物在咽和咽后不远的地方可将牛口腔固定用手取出；在食道中下部阻塞，先灌点豆油或菜籽油，用胃管充气注水，将阻塞物送到胃中；如取不出送不进，就实施手术。

7. 胃肠炎

病因：突然改变饲料，喂给腐败、霉烂、变质的饲料或不洁饮水，有毒物质及冰霜饲料的刺激，长途运输等均可发生。前胃弛缓，创伤性网胃炎也可继发胃肠炎。

症状：突然发生剧烈而持续性腹泻。排出物水样，并伴有黏液、假膜、血液或脓性物，有恶腥臭味。冬痢可于一夜有20%的牛发生下痢，粪便呈水样，棕色、恶臭，常带有新鲜血点或白块(50%～80%)。食欲、反刍消失，口渴增加。

预防：加强饲养管理，防止喂给有毒食物及腐败、发霉和变质的饲料，注意饮水清洁。

发病后措施：①黄连素3次/d，2～4 g/次，内服，或磺胺咪唑3次/d，30～50 g/次，内服；②复方氯化钠液2 000 mL，25%葡萄糖溶液1 000 mL，10%苯甲酸钠咖啡因注射液（安钠咖）20～40 mL，维生素C 40 mL，缓慢地一次静脉注射；③庆增安25 mL，一次肌内注射；④恩诺沙星注射液，肌内注射，按体重0.1 mL/kg；⑤复方磺胺间甲氧嘧啶钠注射液，肌内注射，按体重0.2～0.3 mL/kg。

8. 蹄病（图5-19）

病因和症状：

（1）腐蹄病。腐蹄病主要因为牛舍过度潮湿，蹄部长期被粪尿浸泡软化，并感染坏死杆菌所致。病牛主要表现为喜欢爬卧，站立时患病蹄部负重不实或各肢交替负重，行走时常伴有跛行，蹄间溃烂，还有恶性的分泌物，并且有时候会出现不良肉芽增生，能够看到蹄冠和蹄间皮肤充血。

（2）蹄叶炎。蹄叶炎分为急性、亚急性和慢性，常继发于腐蹄病之后，也可单独发病。病牛主要症状为步态僵硬，运动疼痛，不愿站立，趴卧不起，蹄冠部位红肿，蹄壁叩诊有疼痛感。急性病例牛体温会升高至40～41 ℃，呼吸加快，食欲减退，出汗，肌肉震颤。

（3）关节炎。关节炎发病多比较突然，一般冬季被寒风侵袭后

图 5-19　蹄病

易发病，夏季长时间用水帘降温或喷水降温的情况下也会发病。病牛主要表现为关节及蹄部的疼痛和机能障碍，疼痛时轻时重，部位多固定但也有转移，部分病牛关节处会出现脓肿。

（4）挫伤蹄裂。当肉牛肢蹄发生挫伤，或蹄部开裂时，也会出现跛行。

预防：平时要注意蹄部的护理和修整，保持厩舍、运动场的清洁干燥，清除各种尖锐物，必要时可设消毒槽，槽中放入1%～3%硫酸铜溶液。对病牛隔离饲养，彻底消毒污染场所，可有效减少发病。

发病后措施：

（1）腐蹄病除去坏死组织，彻底消毒，修削坏蹄，扩大蹄底腐败孔，排尽孔内渗出液，彻底挖除腐败坏死组织，须挖到流出鲜血为止。然后用饱和硫酸铜或5%碘酊消毒，再撒布高锰酸钾粉、硫酸铜粉末。在清创后，于患部撒布青霉素鱼肝油乳剂（青霉素20万U溶于5 mL蒸馏水中，再加50 mL鱼肝油，混合），或磺胺粉。深部腐烂者，在彻底挖除坏死组织后，可用松馏油纱布堵塞，外系蹄绷带，1～2周更换绷带1次，到孔口愈合。病情严重者，可用磺胺类药物治疗。

（2）蹄叶炎可在蹄冠部位分点注射青霉素40万～80万U消炎，

伴有体温升高的情况下，可同时肌内注射萘普生或安乃近退烧止痛，严重的情况下还应进行全身抗炎，加强护理，很快能得到恢复。

（3）关节炎一般较难治疗，可肌内注射萘普生退烧止痛，患病关节周围分点注射青霉素40万～80万U消炎，也可采用炒盐进行热敷，当然最好的办法还是让病牛多晒太阳，少待在潮湿的牛舍内。

（4）挫伤可采用碘伏进行消毒，然后等待自行恢复，蹄裂可用0.1%高锰酸钾溶液清洗后，用凡士林进行涂抹。

三、经验之谈

（一）养殖户问：如何做好牛场疫病防治工作？

专家回答：做好牛场疫病防治工作，应从以下几方面入手。

（1）加强饲养管理，做好消毒工作。在产业化养殖中，要进行分群饲养，防止牛只相互影响和伤害，合理搭配饲料，科学补充精料，注意保护孕、幼、哺乳、弱的牛只。草料突变、饲料调制不当，暴饮暴食、饮喂失调，饲料变质、草料及饮用水混有毒物和病原，圈舍阴冷潮湿、贼风侵袭、拥挤闷热、暴晒雨淋，牛只受到粗暴驱赶，长途运输，声音嘈杂等，都可能导致普通病和诱发传染病，都要注意。消毒是防疫措施中非常重要的工作，诊疗、饲养、清扫工具及场地等都要消毒，防止疾病传播。器械消毒常采用1%烧碱水煮沸30 min或高压灭菌；场地消毒常选用10%～20%的新鲜石灰乳、2%～4%烧碱溶液、5%～20%的漂白粉、0.01%百毒杀（带畜消毒）；对抵抗力极强的病毒或芽孢污染的粪便必须烧毁；对死亡、扑杀和急宰病牛的尸体，必须按规定进行高温、化制、深埋和烧毁等无公害化处理。

(2) 严格兽医检疫，定期预防免疫。牛只及其产品运输频繁，必须严格控制疾病尤其是重大疾病的蔓延。在引种前要进行疫病检查，引进后要进行严格的隔离饲养观察。对入境或过境的牛只及其产品要进行严格的检疫，并须具有检疫合格证。对养牛场要进行严格的定期检疫。在疫区采用注射疫苗预防免疫，是投资少、保护期长的控制或消灭特定传染病的有效措施。

(3) 合理用药防治，维护人畜健康。牛只的抗病力不同，外界环境变化无常。一些病原体在环境中常难以从根本上消灭，不少疫病尤其是寄生虫病目前尚无有效疫苗。因此，合理用药，对普通病、细菌病和寄生虫病及时预防和治疗是必需的。要严格执行《中华人民共和国卫生防疫法》和《兽药管理条例》，要区分人药与兽药、处方药与非处方药，不得滥用药物。牛病诊断、处方要请专业兽医或有关专家实施或指导实施。禁用农业农村部明令禁止使用的药物，对可用的药也必须科学合理制订给药方案，并严格执行用药登记制度、宰前牛只的休药期制度和不良反应报告制度。控制药物残留和病原体耐药性产生，确保食品质量安全和人畜医疗安全有效。

(二) 养殖户问：犊牛能正常免疫吗？犊牛舍如何做好环境消毒？

专家回答：如果犊牛出生后摄入的初乳质量和数量都能得到保证，其获得的免疫抗体能维持一个月左右，所以一直坚持对出生后1月龄左右的犊牛及时加强1次针对口蹄疫的免疫，因为该时期的犊牛不适合正常的免疫程序，所以一般注射量为1 mL。3月龄以上的犊牛则可以采用正常的免疫程序。

对于环境消毒，平时每周消毒2～3次，关键时期要每天消毒。

在牛场门口和一些通道除了紫外线灯消毒外，冬天为了防滑防冻，用固体的生石灰消毒，其他时期使用2.5%火碱溶液进行消毒，效果比较好。

（三）养殖户问：养殖肉牛应注意预防哪几种疾病？

专家回答：过去肉牛养殖很少发病，随着肉牛数量增加，加上牛群大转移，肉牛疾病很快在各地传播扩散。目前对我国肉牛业影响最大的还是布鲁氏菌病，因为人畜共患且无法根治，对牛场也是巨大风险；其次是口蹄疫，口蹄疫虽然也是人畜共患，但病毒不止一种亚型，由于目前疫苗比较有效，所以口蹄疫的影响还相对可控；还有运输应激等疾病，即牛呼吸道疾病（BRD）在育肥牛场普遍发生，且发病率高达20%。这些病只能靠疫苗控制；此外还有其他消化系统疾病、寄生虫病等，需要做好控制。

（四）养殖户问：口蹄疫免疫注射注意事项有哪些？

专家回答：根据我场经验，口蹄疫免疫注射应注意以下事项。

（1）免疫接种工作需由兽医防疫人员或养殖场兽医人员执行。

（2）接种前应备有足够的碘酊棉球、注射器、针头、抗过敏药物以及免疫记录本等。

（3）坚持实行“一畜一针头”。注射时应适当保定，严禁使用“飞针”注射。

（4）接种前将疫苗缓慢充分摇匀，防止产生气泡影响疫苗剂量的准确性。吸出的疫苗液不可回注于瓶内，每瓶开启后，限当日用完，超过24 h则废弃。同时，严格按照产品说明书中规定的剂量免疫，不得超量免疫。

（5）注射部位要准确，动作要熟练、敏捷，确保免疫剂量准确足量。

（6）接种前应仔细定量，在注射针头上覆盖棉球，将针筒排气溢出的疫苗液吸于棉球上，并将其收集于专用瓶内集中处理。进气针头、吸疫苗针头和注射针头三者之间应严格分开使用。

（7）疫苗要注入深层肌肉内，牛注射部位为颈部上 1/3 处，注射部位用碘酊或 75%酒精棉擦净消毒。

（8）免疫期为 3 个月。

（五）养殖户问：肉牛养殖场消毒该如何操作？

专家回答：为了保证牛群的健康，我场始终严格执行消毒制度，具体做法是：

（1）大门口消毒池和人行通道消毒池，用 2%～3%烧碱，2 d 换药一次。

（2）入场车辆的车身消毒，5‰复方戊二醛机械喷洒消毒；每日配药，现配现用。

（3）牛舍、环境消毒，5‰复方戊二醛和 5‰过氧乙酸交替使用，1 次/周，每间牛舍保证消毒药用量 200 kg，机械喷洒。

（4）生产区沟渠消毒，洒生石灰或漂白粉，1 次/月；尽量做到沟渠无积水。

（5）牛舍灭四害，5‰高效氯氰菊酯机械喷洒，1 次/周。

（六）养殖户问：肉牛养殖场如何做好灭蝇工作？

专家回答：良好的牧场环境卫生管理和粪污处理永远是蚊蝇的第一道屏障。杂草堆、粪堆、排水沟、剩余饲料、腐烂的青贮、饲槽周围和犊牛卧床垫料都会是蚊蝇孳生的温床。肉牛养殖场灭蝇方法主要有以下几种。

（1）物理灭蚊蝇法。灭蚊灯、捕蝇笼、粘蝇贴放置在蚊蝇多的区域，定时清理和更换。灭蚊灯的灭蚊过程是利用光源吸引蚊虫从而达到杀灭的效果。如果放在室外附近蚊虫较多，就会吸引越多。因此灭蚊灯适合在室内使用，有不错的效果。

(2) 药物熏法。在用药物熏时，最好选用低毒高效的药物，以颗粒状药物最为适合，也可将液体药物进行稀释，按药物与水 1∶3 的比例混匀，等到火焰旺盛时，再将稀释的药物均匀洒到柴草上，进行燃烧。

(3) 秸秆烟熏法。充分利用夏季小麦秸秆充裕的机会，利用傍晚牛入圈前的一段时间，烟熏时间最好控制在 0.5 h 左右。具体做法：将干燥的小麦秸秆用火点燃，等到火焰旺盛之际，将部分用水淋湿的秸秆陆续覆盖到火焰上，让烟火熏牛的圈舍，不但起到熏赶熏死蚊蝇的目的，而且还可以将燃烧后的秸秆灰末均匀地撒到牛的圈舍，起到杀毒灭菌的效果。

(4) 晾晒牛粪灭除法。利用夏季太阳光强烈的优势，将晚上牛拉在圈里的粪便在强光下晒干杀毒，等到晚上牛入圈前的半小时，将干燥柴草用火点燃，然后再陆续将干燥的牛粪均匀地撒到火焰上，粪便散发出来的怪味，不但可以熏死蚊蝇，而且还会将地底下的害虫熏跑。

(5) 化学杀虫剂灭蚊蝇法。实际操作中，当蚊蝇密度超过一定程度后，前面方法的效果非常有限，被动，灵活性差，难以解决牧场的蚊蝇问题，就用化学杀虫剂灭蚊蝇。常用化学杀虫剂的种类主要有：有机磷类、氨基甲酸酯类、菊酯类等。但是注意杀虫剂不能喷洒在牛体和饲料上。

(七) 养殖户问：请专家介绍两病检疫如何操作，需要注意什么问题？

专家回答：我们所说两病检疫是指结核病检疫和布鲁氏菌病检疫。

1. 结核病检疫

（1）首先了解一下结核病。结核病是由结核杆菌引起家畜、家禽、人等多种动物的一种慢性传染病，是一种人畜交叉互感传染病。

（2）病牛症状：病牛贫血，消瘦，虚弱无力，精神欠佳，生产能力下降，检疫出来结核牛多为亚临床型。

（3）结核杆菌分人型、牛型、禽型；结核的部位分肺部结核，乳房结核，肠道结核，生殖系统结核，脑结核等。

（4）检疫时间：牛群 2 次/年，4 月份和 10 月份进行检疫，时间间隔为半年。

（5）注射部位：颈中段上 1/3 处，被毛（5×5）cm^2，消毒，每次检疫注射部位选择一侧，便于观察，剂量 0.1 mL（提纯结核菌素）。

（6）注射方法：皮内注射，从上方或斜上方向下注射，如果从下往上注射针孔向下，易漏液。

（7）测量原皮厚：被毛地方用游标卡尺测量原皮厚，做好记录（注射人、测量人、记录人），原皮厚测量和变态反应观察测量，前后必须是同一个人进行，减少误差。

（8）结核变态反应观察：观察时间分 72 h、96 h，肉眼观有肿胀（坚实肿胀，界限明显；弥散性肿胀，肿胀部位和周边组织界限不明），按压肿胀部位牛有痛感。测量比原皮厚的皮差≥4 mm，判定阳性，皮差在 2.1～3.9 mm 可疑，<2 mm 属正常。结核检疫过程中易出现假阳性：过敏反应、特异性反应、感染等，应进行第二次复检，复检时间 15 d 至 3 个月，结果和前一次一致，判断阳性。

（9）对于复检牛只进行隔离饲养，对于结核牛进行宰杀和污染源消毒。

2. 布鲁氏菌病检疫

（1）本病是一种慢性人畜共患病，造成母畜流产，侵害人的生殖系统，造成不育和不孕症。

（2）传染途径：通过消化道，呼吸道，生殖道和皮肤传染，技术人员和牧工主要是通过皮肤传染（助产，该菌可通过健康人的皮肤）。

（3）检疫时间：2次/年（和结核病检疫一块做），颈静脉采血2～5 mL（一头牛用一个针头），提取血清，离心和30 ℃自然析出。

（4）平板凝集试验：①抗原0.05 mL，血清分0.05 mL、0.1 mL、0.15 mL、0.2 mL和对照组，但在实际操作中计量不易掌握，按抗原和血清1∶1比例混合，取一块干净玻璃，用红蓝铅笔划成等份的小方格，血清和抗原放在小方格内，充分搅拌，加温25～30 ℃，反应5～8 min。②观测结果：抗原颜色均匀，混合液不透明判定阴性，混合液出现细沙粒判定弱阳性（＋），混合液出现粗沙粒液体半透明判定弱阳性（＋＋），混合液出现碎片凝集液体半透明判定中度阳性（＋＋＋），混合液出现大片凝集液体全透明判定强阳性（＋＋＋＋）。

（5）平板凝集试验是对牛布鲁氏菌病粗选过程，平板凝集试验阳性反应的牛，可经过第二次复检，结果一致可判定阳性，或进行试管沉淀试验：对照组、1∶50、1∶100、1∶200、1∶400血清稀释，需更进一步确定。

（6）试管沉淀试验对有价值牛进行，平板凝集试验在基层操作方便。

工作任务六

肉牛养殖企业经营管理

随着市场经济的发展，生产规模的扩大，生产专业化、社会化水平的提高，养殖业的经营管理在畜牧业经济活动中的作用越来越明显，经营管理已经成为一种重要的经济活动，并且决定着其他各种资源的开发和利用。现代化管理和先进科学技术已经成为建设现代化畜牧业缺一不可的条件。目前，肉牛养殖在全国尤其是贫困地区都在大力推广，在养殖行业中，具有明显优势，市场行情稳定，风险系数较小，效益可观，成为养殖行业的首选项目。

一、畜牧企业经营管理

畜牧业经营管理是指对畜牧业生产总过程，包括生产、交换、分配、消费等方面的经济活动和经济关系进行决策及计划、组织、指挥、协调、控制等各项活动的总称，包括生产关系的协调和生产力合理的组织两个方面。

畜牧企业是指从事畜牧业商品生产和交换活动，实行自主经营、独立核算、自负盈亏，以营利为目的的经济组织或基本经营单位。肉牛养殖企业管理主要是合理确定肉牛生产方针和核算制度，科学安排生产项目和生产计划，科学管理和有效运用各种生产资源，合理组织生产，制定正确的营销策略、有效监督调控生产过程等。

二、经营管理职能

管理是劳动社会化的产物，而经营是商品经济的产物；管理适用于一切组织，经营只适用于企业；管理旨在提高作业效率，经营则以提高经济效益为目标。企业的全部活动按其性质可分为生产活动与经营活动，而生产活动是经营活动的物质技术基础，也是其不可分割的重要组成部分。因此，我们把对企业生产经营活动的管理称为经营管理。

经营管理职能包括：决策、计划、组织、指挥、协调、监督、控制和激励等。

（1）决策就是对方案做出选择与决定。

（2）计划就是对未来活动的预先安排和规定。

（3）组织就是对肉牛养殖经济活动中的各种生产要素及各个环节在时间和空间上进行有效组合，形成有机整体，以实现经济目标。

（4）指挥就是管理者运用职权，以下达命令、指示等方式，对所辖部门和下属的经济活动进行布置、调度，以保证经济活动顺畅进行。

（5）协调或调节指调整和处理再生产过程中各部门、各环节及各生产参与者之间的相互关系，解决矛盾，加强配合，以实现经营目标。

（6）监督或控制指为实现经济目标和管理工作目标，对经济活动进行的检查、监督和控制活动。

（7）激励是调动人们积极性的一种活动。人是生产经营的主体，只有充分引导、激发和调动人的积极性和创造性，才能有效地实现经济和管理目标。

三、养殖企业组织机构

1. 组织机构的设置和人员配置

肉牛场的组织机构应本着精简、责任明确的原则设置。包括领导机构，即场长、副场长等和职能机构，即生产、饲料加工、购销、后勤和财务等部门。人员编制本着高效优质、以岗定编、以岗定薪的原则，采取岗位职责明确、聘任上岗、培训上岗的劳动组织形式，以确保牛场正常的生产组织形式和正常的生产秩序。

人员包括场长、副场长、畜牧技术员、兽医技术员、人工授精员、饲料加工员、饲养员、财务人员和后勤人员等。

2. 各机构及人员的职责

各个机构必须明确责任范围，科学安排和使用劳动力，合理组织劳动分工和协作，提高生产效率。各个人员实行岗位责任制，尽可能做到人尽其力、物尽其用，不折不扣地完成规定的劳动任务。

（1）财务部门。严格遵守国家的财务制度，账目齐全、规范，能及时反映一切经济活动；做好一切统计工作，核算生产成本，向有关部门及时反映财务状况；当好经济决策的参谋，实行一支笔制度，严把财务关。

（2）生产部门。建立和健全各项生产规章制度；制定和执行生产操作规程；安全、高效组织生产。

（3）购销部门。根据生产部门的生产安排，制定购销计划；联系货源产地和产品销售地，建立长久联系；安排专业采购或销售人员，按时、保质、保量、按最经济渠道购销产品，以保证生产秩序正常运行和资金正常周转。

（4）场长、副场长。贯彻执行国家、地方的有关肉牛生产的路线、方针、政策，制定全盘计划，包括年度生产计划和肉牛场的长远规划；审查本场基建规模和投资计划；组织各部门制定或修订技术操作规程；检查各部门的工作及计划执行情况，负责肉牛场生产、销售和人事劳资等重大问题。

（5）畜牧技术员。组织制定配种产犊计划、牛群周转计划、牛肉生产计划、饲草料使用计划等；做好生产测定工作，如体尺测量、各阶段体重、日增重、饲料转化率的测定等；做好饲草饲料的原料采购计划和制定日粮配方，检查配方生产情况和使用效果；做好养殖档案记载、配种记录、制定选种选配方案，收集并记录最基本的育种材料；积极参加科研或配合科研工作，不断推广新品种、新技术。

（6）兽医技术员。负责全场疾病的监控和治疗；定时进行检疫和免疫注射；制定药品和器械的采购计划；做好用药记录、制定用药、休药计划，规范用药行为；定时到牛舍巡视，密切与饲养员的联系，及时发现病牛，及时治疗；做好疾病的诊治记录和总结经验；培训饲养员最基本的预防疾病知识，降低医疗费用；刻苦钻研业务，不断提高业务水平。

（7）人工授精员。制定冻精、液氮及配种器械的采购计划和配种产犊计划；做好发情鉴定、妊娠鉴定工作；及时输精，严格按技术操作规程输精；定时检查生殖系统疾病，做好记录，会同兽医治疗产科病；做好选配工作；统计受胎率、繁殖率等资料；定时到运动场、牛舍巡视，以便发现发情牛。

（8）饲料加工员。能按配方要求准确配制精饲料，定时定量完成工作；做好饲料原料的保管工作，做到防火、防鼠和防潮，堆放整齐、有序，节省空间；捡出原料中的异物，如铁钉、铁丝、塑料膜、石块和玻璃碴等，捡出霉变原料；料与包装袋要相符，把配制料准确无误地发放下去，禁止出现母牛采食育肥料或育肥牛采食母牛料等诸如此类的错误。

（9）饲养员。一切行动听指挥。一切行动从牛体着想，体贴、关心、爱护牛，不允许虐待、打骂牛；按时作息，遵守劳动纪律，按劳动操作规程工作；勤添饲草，勤给水槽放水；注意检查饲草料中有无铁钉、铁丝、碎玻璃、塑料等，一经发现，立即拣掉；做好牛舍及牛体的清洁卫生工作，清除粪便，清扫牛床，对每头牛按一定顺序刷拭；发现牛发情、产犊、发病等异常情况，立即报告有关人员，并协助有关人员解决处理；做好牛场及牛舍的安全工作，下班前关灯、关窗，经过检查后方可离开牛舍。

四、经济效益评估

牛场经济效益与经营形式（国家经营、私人经营、合资经营和集团经营等）、经营方向（产品为活牛、牛肉等）、生产规模、饲养方式（舍饲或散养）等有关。在抛开这些因素后，还与劳动生产的组织、经营活动的组织、科技含量等因素有密切关系。常用的评价指标有：

1. 劳动生产率指标

肉牛场的工种有饲养工、饲料工和配种员等。劳动定额因机械化水平不同而异。一般情况下，饲养工的定额为：舍饲条件下育成牛 25～50 头，育肥牛 50～100 头，产犊期加临时工。饲料工每人每天加工精饲料 1 000 kg 以上，或粗饲料 4 000～5 000 kg。配种员负责 200～400 头母牛。

2. 技术指标

肉牛包括日增重、饲料转化率和出栏日期等，犊牛包括成活率和日增重等。

3. 经济指标

（1）全员劳动生产率：即产品产量或产值与年平均在册职工总数之比。

（2）直接劳动生产率：即产品产量或产值与年平均直接生产职工总数之比。

（3）全员劳动利润率：年总产值减去年消耗的生产资料价值及税金的余额与年平均在册职工总数之比。

（4）每千克增重成本：牛群饲养费用减去副产品的余额（如牛粪等）与牛群增重总量之比。

（5）人均占有牛头数：年平均养牛头数与年平均职工数之比。

（6）年销售收入：年销售产品金额总数。

（7）年利润总额：年销售收入减去年消耗的生产资料价值的余额。

（8）年税后利润：年利润总额减去税金及附加的余额。

（9）投资回报率：年税后利润与投资总额之比。

肉牛养殖场的财务管理主要包括资金管理与成本管理。资金管理，就是对企业在生产经营活动中所需要的各种资金的来源、分配和使用，实施计划、组织与调节、监督及核算等管理职能的总称。成本管理就是对产品整个生产销售过程中发生的各项成本费用开支进行的一系列管理工作，主要包括成本预测、决策计划和控制等管理内容。

4. 成本核算

成本核算是经济核算的中心，产品成本是衡量肉牛养殖场经济效益高低的重要指标。肉牛生产中一般要计算肉用牛群的饲养日成本、增重成本、活重成本和主产品成本，基本计算公式如下。

饲养日成本＝该肉牛群饲养费用/该肉牛群饲养头日数

育肥牛增重成本=（该群饲养费用－副产品价值）/该群增重

其中，该群增重=（该群期末存栏活重＋本期离群活重）－（期初结转活重＋期内转入活重＋购入活重）。

育肥牛活重单位成本=（期初活重总成本＋本期增重总成本＋投入转入总成本－死畜残值）/（期末存栏活重＋期内离群活重）

千克牛肉成本=（出栏牛饲养费－副产品价值）/出栏牛的牛肉总产量

5. 财务收支管理

肉牛养殖场支出=肉牛购进支出＋饲料支出＋兽药支出＋工资支出＋水电费＋设备维修费＋固定资产折旧费＋管理费＋销售费＋保险费

财务支出必须认真填写凭证，并由经手人。主管领导及保管员签字方可报销，购买物品必须有统一发票。养殖场各部门及时进行账务处理，登记相应的账簿，定期与有关部门核对，保证双方账目一致。

肉牛养殖场收入=犊牛销售收入＋育肥牛销售收入＋粪便收入

销售部门根据形成收入的确定标准及时开具发货票，由财务部门编制会计记账凭证，登记有关收入和与客户应收账款往来的会计账簿，同时定期核对，保存双方账款往来凭证。

净利润=收入－支出

6. 提高牛场经济效益的若干措施

（1）选择适宜品种。养什么品种的牛，要考虑生产目的、生产性能和消费者需求来从中选出适宜品种。

（2）加强牛的饲养管理。制定最佳饲料配方，满足牛的营养需要，提高饲料利用率，降低饲料成本消耗。搞好牛的环境控制，夏季注意防暑降温，寒冷季节注意保暖等。

(3) 适时出栏，加快周转。在生产中，可以比较不同饲养方式的经济效益，选择最佳方式，确定适宜出栏时间。

(4) 各生产环节实施承包责任制。充分调动饲养管理人员的积极性，从而实现增加生产、减少费用消耗、达到节本增效的目的。

(5) 加强管理，节省开支。做好生产管理、财务管理、物资管理及产品销售等管理工作。节省各种费用，如节省接待费和折旧费，提高固定资产和机械的利用率，减少利息开支等。

五、经验之谈

(一) 养殖户问：大中型肉牛养殖企业应设置哪些部门、岗位？

专家回答：

(1) 肉牛从养殖企业组织机构按“A 管理模式”要求，采用“扁平式机构”模式进行设置。根据存栏规模和规范养殖要求，设置部门和岗位，其数量可以适当变化。详见组织机构岗位设置(图 6-1)。

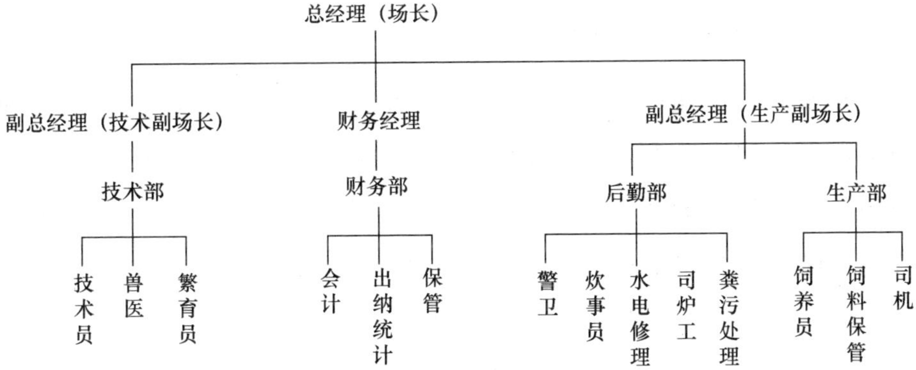

图 6-1　岗位设置

（2）肉牛企业按管理职能一般分为四个部门：技术部、生产部、财务部、后勤部。各部门设部门经理一名，主管本部门工作，直接上级为总经理。财务部经理可由财务总监兼任，生产部（后勤部）经理可由副总经理兼任，技术部经理可由副总经理兼任，具体岗位设置根据企业实际情况确定。

（3）总经理负责财务总监和两个副总经理管理，两个副总经理分别负责技术部、生产部和后勤部工作。副总经理依据岗位职责和总经理授权履行管理职责。

（4）总经理、财务经理和两名副总经理以及部门主管组成管理团队，参加行政管理例会，共同进行生产经营管理的重大决策。

（5）在组织机构的设置和运营过程中，每人只能有一位直接上级，并服从于直接上级的管理。正常情况下，上级不能越级指挥，可以越级了解情况；下级不能越级汇报，可以越级投诉。

（6）在工作业绩考核中，每人的工作业绩由直接上级进行考核评定，下级必须服从上级。

（7）部门中各岗位的人数依据实际工作量确定。

（二）养殖户问：“公司十农户”运营管理模式，有哪些好的建议？

专家回答：建议采用“六统一”管理服务模式。即合作组织对养殖户实行统一购畜、统一饲料配方、统一消毒、统一防疫、统一购药、统一管理的“六统一”系列管理服务模式，增产节约，增收节支，做好肉牛场的经营与管理，从以下几方面入手。

（1）设立长远目标，拥有高标准的基础设施。

（2）把健康防疫放在重中之重的地位。

（3）建立完善企业管理规范和制度，并切实落实和执行。

（4）采用先进的生产技术和管理方法，提高生产效率。

(5) 瞄准市场，掌握市场变化趋势和规律，适时调整产品结构。

(6) 专业化经营，分工协作，融入“产、加、销”体系。

(7) 提高标准肉牛场经理的基本素质。

(三) 养殖户问：“奶肉牛复合养殖模式”如何运作，效益如何计算？

专家回答：“奶肉牛复合养殖模式”一般可分为三种，即“奶牛＋奶牛副产物（奶公犊＋淘汰母牛）复合养殖模式”；“奶牛＋肉牛杂交复合养殖模式”；直接饲养乳肉兼用牛种。

对于以养殖奶牛为主的生产模式，前两种模式富有实效，下面将重点对这两种模式进行分析。

1. 奶牛＋奶牛副产物复合养殖模式

这种方式的操作方法比较简单，奶牛场采用常规配种方案，奶公犊出生后全部留养进行育肥，淘汰成母牛和淘汰后备母牛（因某些疾病或其他原因不适合育肥的牛只除外）也均经过育肥后再出售。

以奶牛存栏规模为 1 000 头成母牛的奶牛场为例，该模式经济效益计算如下。

(1) 年产奶公犊头数＝1 000 头成母牛×80％（繁殖成活率）×50％公犊比例＝400 头，全部奶公犊用于育肥，平均育肥 20 个月，净利润按 200 元/（月·头）；奶公犊育肥净利润增加＝200 元/（月·头）×400 头×20 个月＝160.0 万元。

(2) 年淘汰母牛头数＝1 000 头成母牛×20％年淘汰率＝200 头；平均育肥 5 个月；净利润按 200 元/（月·头）；淘汰母牛净利润增加＝200 元/（月·头）×200 头×5 月＝20.0 万元。

(3) 以上各项合计，“奶牛＋奶牛副产物复合养殖模式”与常规养殖模式相比，一个存栏 1 000 头成母牛的奶牛场，每年净利润增加量为 160.0 万元＋20.0 万元＝180.0 万元。

2. 奶牛＋肉牛杂交复合养殖模式

这种方式需要牛场将成母牛按产奶性能分成上（选用奶牛性控冻精配种）、中（选用奶牛普通冻精配种）和下（选用肉牛冻精配种）三个等次。根据分级结果，上等次牛的后代犊牛全部留养作为后备奶牛，中等次牛的后代母犊留养作为后备奶牛而公犊用于产肉，下等次牛的后代将全部用于产肉，淘汰成母牛和淘汰后备母牛（因某些疾病或其他原因不适合育肥的牛只除外），也直接在本场经短期育肥后出售。在筛选这些牛只并进行分级的时候，最好有奶牛育种专家的参与，分级标准除了产奶量之外，乳成分、乳房形态、肢蹄、体格结构和健康性状等也可以作为综合参考指标。当然，有条件的牧场还可以通过全基因组检测来筛选牛只，这样更准确。

以奶牛存栏规模为 1 000 头成母牛的奶牛场为例，该模式的经济效益计算如下。

（1）投入增加量（与常规配种方案相比）＝1 000（成母牛头数）×25％（上等牛比例）×（性控冻精 260 元/支－普通冻精 70 元/支）×2（平均配次）＝9.5 万元；

（2）收入增加量

①年产奶公犊头数＝1 000（成母牛头数）×50％（中等牛比例）×80％（繁殖成活率）×50％（公犊比例）＝200 头，全部奶公犊用于育肥，平均育肥 20 个月，净利润按 200 元/（月・头）；奶公犊育肥净利润增加＝200 元/（月・头）×200 头×20 个月＝80.0 万元。

②年产肉杂犊头数＝1 000（成母牛头数）×25％（下等牛比例）×80％（繁殖成活率）＝200 头，肉杂犊不分公母全部用于育肥，平均育肥 20 个月，净利润按 250 元/（月・头）；奶公犊育肥净

利润增加＝250 元/（月·头）×200 头×20 个月＝100.0 万元。

③每年淘汰母牛＝1 000(成母牛头数)×25%年淘汰率＝250 头；平均育肥 5 个月；育肥淘汰母牛净利润按 200 元/(月·头)；育肥淘汰母牛收入增加＝200 元/(月·头)×250 头×5 个月＝25.0 万元。

④出售牛奶收入增加＝1 000（成母牛头数）×85%（泌乳牛比例）×［新方案产奶量 38.0 kg/（d·头）－常规方案产奶量 35.5 kg/（d·头）］×365 d×（鲜奶单价 4.0 元/kg－奶总成本 3.0 元/kg）＝77.6 万元。

（3）以上各项合计，奶牛＋肉牛杂交复合养殖模式与常规养殖模式相比，一个存栏 1 000 头成母牛的奶牛场，每年净利润增加量为 80.0＋100.0＋25.0＋77.6－9.5＝273.1（万元）。

奶牛＋奶牛副产物复合养殖模式可以显著提高牧场盈利能力和抗风险能力，操作难度不大，但整个牧场遗传改良进度较慢，奶牛产奶量提高不显著。奶牛＋肉牛杂交复合养殖模式不仅可以显著提高牧场盈利能力和抗风险能力，而且还可以显著加快整个牧场遗传改良进度，提高产奶量，但是等级评定有难度，建议由专业人士完成。

附件

附件1　相关标准

（一）中国西门塔尔牛（GB 19166—2003）

1　范围

本标准规定了中国西门塔尔牛的品种特性、外貌特征、生产性能、谱系育种值综合评定与良种登记的基本要求。

本标准适用于中国西门塔尔牛的品种鉴别和等级评定。

2　规范性引用文件

下列文件中的条款通过本标准的引用而成为本标准的条款。凡是注日期的引用文件，其随后所有的修改单（不包括勘误的内容）或修订版均不适用于本标准，然而，鼓励根据本标准达成协议的各方研究是否可使用这些文件的最新版本。凡是不注日期的引用文件，其最新版本适用于本标准。

GB/T 4143—1984 牛冷冻精液。

3 术语和定义

下列术语和定义适用于本标准。

3.1 品种 breed

具有较高经济价值和种用价值，有共同的起源，个体间生产性能及形态特征相似，并能将其主要特征稳定地遗传下去和有相当数量的家畜群体。

3.2 兼用品种 dual-purpose breed

兼具两种以上主要经济用途的品种。

3.3 中国西门塔尔牛 Chinese simmental

中国西门塔尔牛是由 20 世纪 50 年代、70 年代末和 80 年代初引进的德系、苏系和澳系西门塔尔牛在中国的生态条件下与本地牛进行级进杂交后，对高代改良牛的优秀个体进行选种选配培育而成，属乳肉兼用品种。主要育成于西北干旱平原、东北和内蒙古严寒草原、中南湿热山区和亚高山地区、华北农区、青海和西藏高原以及其他平原农区。它的适应范围广，适宜于舍饲和半放牧条件，产奶性能稳定，乳脂率和干物质含量高，生长快，胴体品质优异，遗传性稳定，并有良好的役用性能。

3.4 良种登记 pedigree registration

将符合本品种标准的优良种畜的血统、生产性能和体型外貌等有关资料，集中登记在专门的良种登记簿中的一项育种工作措施。

3.5 系谱（谱系） pedigree

记载种畜祖先的编号、品种、出生年月日、生产性能、生长发育表现、种用价值和鉴定成绩等方面资料的文件。

3.6 综合评定 comprehensive test

根据种畜体质、外貌、生长发育、生产性能等各方面情况来全面评定种畜好坏的鉴定方法。

3.7 杂交 crossing

不同品种或种群个体间的交配。

3.8 级进杂交 grading up

以一个优良品种的公畜与生产性能低的品种（一般为本地品种）的母畜进行继代交配（一般在四代以上），使杂种后代的生产性能及其他性状逐渐接近这一优良品种的方法。

3.9 305 d 产奶，305-day milk yield

计算泌乳量的一种方法。在一个泌乳期内，泌乳日数超过305 d的取泌乳期的前305 d奶量，泌乳日数不足305 d的按实际泌乳天数的产奶量计算。

3.10 育种值 breeding value

对个体经济性状传递给后代能力的估测值。

4 品种外貌特征与生产性能

4.1 外貌特征

中国西门塔尔牛体躯宽深高大，结构匀称，体质结实，肌肉发达，行动灵活，被毛光亮，毛色为红（黄）白花，花斑分布整齐，头部白色或带眼圈，尾梢、四肢和肚腹为白色，角蹄蜡黄色，鼻镜肉色，乳房发育良好，结构均匀紧凑。

4.2 生产性能

4.2.1 产奶量

产奶量的登记：按 305 d 产奶量进行登记和等级评定。泌乳牛在完成第二、第三或以后的泌乳期后，如果产奶性能的等级有所提高则以较高的等级为最终所定等级。产奶量等级标准按不同类群而异，具体参见附表 1-1 至附表 1-3。

附表 1-1 核心种群场 单位：kg

等级	母牛胎次		
	一	二	三和三胎以上
特	4 300	4 600	5 000
一	4 000	4 300	4 500
二	3 600	3 800	4 000

附表 1-2 育种扩繁群场 单位：kg

等级	母牛胎次		
	一	二	三和三胎以上
特	4 100	4 300	4 600
一	3 800	4 100	4 300
二	3 400	3 600	3 800

附表 1-3 一般繁殖群场 单位：kg

等级	母牛胎次		
	一	二	三和三胎以上
特	3 800	4 100	4 400
一	3 500	3 800	4 100
二	3 200	3 400	3 600

4.2.2 乳脂率

牛奶的乳脂率在泌乳期产奶量达 4 000 kg 时，最低为 4.0%，各胎次的产奶量每增加 1 000 kg，允许乳脂率降低 0.1%。

4.2.3　体重

犊牛在 6 月龄时，公犊达到 200 kg 为特级，低于 170 kg 的为等外牛；母犊达到 180 kg 为特级，低于 150 kg 为等外牛。各月龄公、母牛的体重等级标准见附表 1-4。

附表 1-4　中国西门塔尔牛各月龄公、母牛体重等级标准（下限） 单位：kg

年龄	公			母		
	特	一	二	特	一	二
六月	200	185	170	180	165	150
十二月	400	360	320	330	300	280
十八月	600	540	490	390	370	350
二周岁	720	670	630	460	420	400
三周岁	800	720	660	520	470	450
四周岁	900	830	750	600	550	500
五周岁	1 000	930	850	650	600	550

注：体重以早晨空腹时称量值为准，产奶母牛以产犊后半个月至两个月内称量值为准

4.2.4　产肉性能

在短期育肥后，18 月龄以上的公牛或阉牛屠宰率达 54%～56%，净肉率达 44%～46%。成年公牛和强度肥育牛屠宰率应达 60%以上，净肉率达 50%以上。

自 6 月龄到 18 月龄或 24 月龄的平均日增重为：公牛，1.0～1.1 kg；母牛，0.7～0.8 kg。产肉性能作为种公牛体重鉴定的辅助指标，凡后裔的产肉性能达到以上指标的成年牛虽本身体重只达到一级也列为体重特级。

4.2.5　体尺

在没有称重条件的地区，可以不进行体重测定，凡成年时达到附表 1-5 所列体尺标准的为合格个体。

附表 1-5　成年牛体尺标准（下限）　　单位：cm

性别	体高	体长	胸围	管围
公	145	190	230	25
母	130	160	195	19

4.3　繁殖性能

4.3.1　公牛 18 月龄正式采精，除种用特征符合要求外，睾丸围度比同群同龄牛大，精液品质符合 GB/T 4143—1984 要求。

4.3.2　母牛常年发情，初配年龄为 18 月龄，体重在 380 kg 左右，发情周期为 18～21 d，发情特征明显，妊娠期 282～290 d。

5　等级评定

5.1　外貌评分等级

公、母牛的外貌等级标准见附表 1-6，评定方法见附录 A。

附表 1-6　中国西门塔尔牛公、母牛的外貌等级标准（下限）　单位：分

等级	公	母
特	85	80
一	80	75
二	75	70

5.2　谱系育种值

种畜场的每头牛都要进行谱系登记，对达到核心群标准的牛，必须计算谱系育种值。谱系育种值是公牛未做后裔鉴定前，母牛尚无本身产奶记录时的性能预测指标，不作为等级划分的依据。但是谱系育种值是种畜场出场种畜的必需指标。

5.3　综合评定

本品种的综合鉴定方法是对体重和外貌限定一个最低标准之

后，以产奶性能为主进行综合评定。

5.3.1　母牛的综合评定等级见附表1-7。

附表1-7　中国西门塔尔母牛的综合评定等级

产奶性能	体重	外貌	综合评定
特级	一至特级	一至特级	特级①
一级	一至特级	二级以上	一级②
二级	二级以下	二级以上	二级③
二级或以下	二级或等外	二级或等外	等外④

注：①产奶性能达到特级的牛，如果其体重只有一级．外貌评分不低于一级，综合评分可为特级，外貌评分低于一级，综合评分为一级；②体重等级不低于一级，外貌不低于二级的牛，综合评定等级随产奶性能等级；③产奶性能为二级且体重和外貌不低于二级的牛，综合评定等级为二级；④产奶性能只有二级的，凡体重和外貌低于二级的牛，综合评定等级为等外

5.3.2　种公牛的评定。种公牛的综合评定以后裔测定的结果为准，公牛育种值按中国西门塔尔牛育种委员会公布的以BLUP育种值为基础组成的总性能指数（TPI）排序为依据，在此值公布前以中国西门塔尔牛育种委员会技术组认定的各场上报的种公牛后裔测定值为准。

5.3.3　犊牛不做综合评定，只注明体重和外貌等级。凡母亲产奶量高于本场牛群平均产奶量的犊牛登记谱系育种值。

6　良种登记

凡符合下列条件的个体牛均可列入良种登记。

a）凡纯种或级进改良三代以上的杂种母牛，综合评定等级为特级者。

b）凡体重及其母亲产奶性能为特级、外貌为一级以上的公牛，繁殖、生理无明显缺陷者。

c）凡杂种二代母牛，产奶性能超过特级牛泌乳水平，体重和外

貌达到相应标准的，也可破格列入良种登记。

d）凡群体产奶量超过 4 200 kg，或在良种登记簿上入册母牛数超过 50%的种畜场为优秀种畜场。

附录 A（规范性附录）

附表 A1 中国西门塔尔牛外貌鉴定评分标准

项目	外貌特征标准	公牛满分	母牛满分
品种特征	纯种西门塔尔牛毛色为红（黄）白花、头部白色、四肢腹部尾梢均为白色，乳房大部分白色，鼻梁为肉色。公牛颈部隆起发达，与瘤牛的肩峰不同，属欧洲牛的预包。颈胸垂明显。体躯宽厚，后躯肌肉发达，公牛的全身肌肉明显，母牛角为左右平出拧转上挑型，公牛角垂或上挑不等	40	30
整体结构	体躯宽长，不过高。骨骼粗壮。全身结构匀称，母牛清秀，四肢姿势良好，无粗糙感	30	20
体躯容量	胸部深宽，肋骨开张良好。棱角不太明显，膘较丰满，腹部粗大而不下垂，呈硕大体型	30	20
乳房系统	前后乳区和四乳头分布均匀，无附乳头，乳房悬韧带坚韧，柔软有弹性，前延后伸良好，乳房静脉曲张，被毛细致	—	30

附表 A2 中国西门塔尔牛外貌四大项目内部明细评分按性状分配满分值

项目	明细划分	公牛满分	母牛满分
品种特征	毛色头型	8	7
	外貌、性别表现特征	9	9
	兼用结构特点	11	7
	肌肉发达程度	12	7
整体结构	体躯均衡度、体质	15	10
	骨骼和四肢	15	10

续附表 A2

项目	明细划分	公牛满分	母牛满分
体躯容量	前胸	10	6
	腹	10	7
	尻	10	7
乳房系统	乳区和乳头	0	10
	容积和乳房悬韧带	0	10
	乳房和乳镜	0	10

（二）新疆褐牛（NY 22—1986）

本标准适用于新疆褐牛的品种鉴别、外貌鉴定和良种母牛登记。

1 品种特性和外貌特征

1.1 品种形成

本品种牛是由国外引入的瑞士褐牛、阿拉托乌牛及少量科斯特罗姆牛与本地黄牛进行三代以上杂交改良，在山区放牧饲养、经长期选育而成的耐粗饲、耐寒、放牧性能好的乳肉兼用品种牛。

1.2 毛色与外貌

被毛褐色、深浅不一，头顶、角基部为灰白或黄白色，多数有灰白或黄白色的口轮和背线，皮肤、角尖、眼睑、鼻镜、尾帚、蹄均呈深褐色。体格中等大、体质结实、各部位匀称、结合良好。母牛头清秀、额稍凹、枕骨脊突出、角向侧前上方弯曲，呈半椭圆形，角尖稍直。头颈结合良好、颈垂较明显，鬐甲宽圆，背腰平直较宽，胸发达深、宽，腹中等大，尻宽长适中，臀部肌肉较丰满，四肢结实，蹄圆、质坚实。公牛有雄相，角粗、弯小，颈圆拱。母牛乳房发育中等大，皮肤浅黄色、细致，附着良好，乳头大小适中，呈柱状，分布匀称。

1.3 体高、体重见附表 1-8。

附表 1-8 各龄牛的体高和体重（下限）

公牛			母牛		
年龄	体高/cm	体重/kg	年龄	体高/cm	体重/kg
初生		35	初生		28
六月龄		150	六月龄		120
十二月龄	112	280	十二月龄	102	180
十八月龄	117	380	十八月龄	108	280
五岁	138	800	二十四月龄	113	320
			三岁	116	360
			四岁	118	400
			五岁以上	120	420

2 生产性能

2.1 产奶量

饲养方式有两种。第一种放牧：全年放牧、夏季挤奶。第二种半舍饲：季节性放牧，冬季舍饲，全年挤奶。两种饲养方式制订产奶量标准见附表 1-9。

附表 1-9 母牛胎次产奶量（下限） 单位：kg

饲养方式	挤奶天数	一胎	二胎	三胎以上	备注
放牧	100	800	900	1 000	包括犊牛日吃奶 2 kg
半舍饲	305	2 400	2 700	3 000	

注：不足 100 d 或 305 d 的按实际挤奶天数；超过 100 d 或 305 d 的按 100 d 或 305 d 的挤奶量算，超过部分去掉

2.2 乳脂率不低于 4%。

2.3 屠宰率

在一般放牧条件下育肥，中等膘度屠宰率：1.5 岁为 48%，

2.5 岁为 50%，成年母牛为 52%。

3 外貌评分等级标准

外貌鉴定，按百分制评定（见附录 B）划分为四个等级。即特、一、二、三级，见附表 1-10。

附表 1-10 外貌评分等级标准 单位：分

性别	特级	一级	二级	三级
公	85	80	75	
母	80	75	70	65

附录 B（补充件）

B.1 外貌鉴定方法

母牛外貌鉴定评分按一般外貌与乳肉兼用特征、体躯、泌乳系统、肢蹄四大部分。根据每部分对牛体健壮、生产性能的关系与重要性，订出不同评分标准，总计 100 分。见表 B1。对公牛的鉴定评分与母牛大体相似，但各有侧重，见表 B2。

表 B1 母牛外貌鉴定评分表

项目	部位评满分的要求	满分
一般外貌与乳肉兼用特征	品种特征明显，毛褐色、有光泽，乳肉兼用型。体格大而结实，各部位结构匀称、结合良好，肌肉丰满	30
体躯	长、宽、深，背腰平直，鬐甲宽圆，肋骨开张，胸宽、深、长，腹中等大，尻长、平、宽	25
泌乳系统	乳房形状好，向前后延伸，附着紧凑，乳腺发达，柔软，四个乳区匀称，乳镜宽，乳头大小适中，呈柱状，分布匀称，乳静脉弯曲明显，乳井大	25
肢蹄	四肢结实，姿势良好，左右距离宽，关节明显，系部有力，蹄形正、质结实	20
合计		100

表 B2 公牛外貌鉴定评分表

项目	部位评满分的要求	满分
一般外貌	品种特征明显，毛褐色、有光泽，体格大而结实，结构匀称。雄相好，颈圆拱，前躯较发达、结合良好，尾长、尾根与背线呈水平	30
体躯	长、宽、深，背腰平、直而结实，鬐甲宽圆，胸宽、深，胸围大，腹紧凑、大小适中，尻长、平、宽	30
乳肉兼用特征	乳肉兼用型，前胸较宽，肌肉丰满，四个乳头圆柱状，距离大、呈方形，睾丸大，左右匀称	20
肢蹄	四肢结实，姿势良好，左右距离宽，关节明显，系部有力，蹄形正、质结实	20
合计		100

对公、母牛进行外貌鉴定评分定级时，若在整体或某一部位有严重缺陷者，不能评为二级；有明显缺陷者，不能评为一级，即要从总分中减去相应的分数，得该牛的等级分数。

鉴定时间：母牛在一胎和三胎产后第二个泌乳月时各鉴定 1 次。公牛在 12、36、60 月龄各鉴定 1 次。

B. 2 良种母牛登记办法

B. 2. 1 凡登记的牛必须记录有牛号、系谱三代清楚。

B. 2. 2 外貌鉴定评 75 分以上。

B. 2. 3 各年龄的体高、体重要达到表 B3 所列指标。

表 B3 良种登记母牛体高和体重（下限）

年龄	三岁	四岁	五岁以上	备注
体高/cm	121	123	125	
体重/kg	400	430	470	

B. 2. 4 各胎次产奶量要达到表 B4 所列指标。

表 B4　良种登记母牛产奶量（下限）　　单位：kg

饲养方式	挤奶天数	一胎	二胎	三胎以上	备注
放牧	100	1 000	1 200	1 400	包括犊牛日吃奶 2 kg
半舍饲	305	3 000	3 500	4 000	

B. 2. 5　乳脂率不低于 4%（为登记胎次产奶量的）。

（三）无公害食品　肉牛饲养管理准则(NY/T 5128—2002)

1　范围

本标准规定了无公害肉牛生产中环境、引种和购牛、饲养、防疫、管理、运输、废弃物处理等涉及肉牛饲养管理的各环节应遵循的准则。

本标准适用于生产无公害牛肉的种牛场、种公牛站、胚胎移植中心、商品牛场、隔离场的饲养与管理。

2　规范性引用文件

下列文件中条款通过本标准的引用而成为本标准的条款。凡是注日期的引用文件，其随后所有的修改单（不包括勘误的内容）或修订版均不适用于本标准，然而，鼓励根据本标准达成协议的各方研究是否可使用这些文件的最新版本。凡是不注日期的引用文件，其最新版本适用于本标准。

GB 16548 畜禽病害肉尸及其产品无害化处理规程

GB 16549 畜禽产地检疫规范

GB 16567 种畜禽调运检疫技术规范

GB/T 18407.3—2001 农产品安全质量　无公害畜禽肉产地环境要求

GB 18596 畜禽场污染物排放标准

NY/T 388 畜禽场环境质量标准

NY 5027 无公害食品　畜禽饮用水水质

NY 5125 无公害食品　肉牛饲养兽药使用准则

NY 5126 无公害食品　肉牛饲养兽医防疫准则

NY 5127 无公害食品　肉牛饲养饲料使用准则

种畜禽管理条例

饲料和饲料添加剂管理条例

3　术语和定义

下列术语和定义适用于本标准。

3.1　肉牛

在经济或体形结构上用于生产牛肉的品种（系）。

3.2　投入品

饲养过程中投入的饲料、饲料添加剂、水、疫苗、兽药等物品。

3.3　净道

牛群周转、场内工作人员行走、场内运送饲料的专用道路。

3.4　污道

粪便等废弃物运送出场的道路。

3.5　牛场废弃物

主要包括牛粪、尿、尸体及相关组织、垫料、过期兽药、残余疫苗、一次性使用的畜牧兽医器械及包装物和污水。

4 牛场环境与工艺

4.1 牛场环境应符合 GB/T 18407.3—2001 要求。

4.2 场址用地应符合当地土地利用规划的要求，充分考虑牛场的放牧和饲草、饲料条件。

4.3 牛场的布局设计应选择避风和向阳，建在干燥、通风、排水良好、易于组织防疫的地点。牛场周围 1 000 m 内无大型化工厂、采矿场、皮革厂、肉品加工厂、屠宰厂、饲料厂、活畜交易市场和畜牧场污染源。牛场距离干线公路、铁路、城镇、居民区和公共场所 500 m 以上，牛场周围有围墙（围墙高>1.5 m）或防疫沟（防疫沟宽>2.0 m），周围建立绿化隔离带。

4.4 饲养区内不应饲养其他经济用途的动物。饲养区外 1 000 m 内不应饲养偶蹄动物。

4.5 牛场管理区、生活区、生产区、粪便处理区应分开。牛场生产区要布置在管理区主风向的下风或侧风向，隔离牛舍、污水、粪便处理设施和病、死牛处理区设在生产区主风向的下风或侧风向。

4.6 场区内道路硬化，裸露地面绿化，净道和污道分开，互不交叉，并及时清扫和定期或不定期消毒。

4.7 实行按生长阶段进行牛舍结构设计，牛舍布局符合实行分阶段饲养方式的要求。

4.8 种牛舍设计应能保温隔热，地面和墙壁应便于清洗和消毒，有便于废弃物排放和处理的设施。

4.9 牛场应设有废弃物贮存、处理设施，防止泄露、溢流、恶臭等对周围环境造成污染。

4.10 牛舍应通风良好，空气中有毒有害气体含量应符合

NY/T 388 的要求，温度、湿度、气流、光照符合肉牛不同生长阶段要求。

5 引种和购牛

5.1 引进种牛要严格执行《种畜禽管理条例》第 7、8、9 条，并按照 GB 16567 进行检疫。

5.2 购入牛要在隔离场（区）观察不少于 15 d，经兽医检查确定为健康合格后，方可转入生产群。

6 饲养投入品

6.1 饲料和饲料添加剂

6.1.1 饲料和饲料原料应符合 NY 5127 的要求。

6.1.2 定期对各种饲料和饲料原料进行采样和化验。各种原料和产品标志清楚，在洁净、干燥、无污染源的储存仓内储存。

6.1.3 不应在牛体内埋植或在饲料中添加镇静剂、激素类等违禁药物。

6.1.4 使用兽药时，应按照《饲料和饲料添加剂管理条例》执行休药期。

6.2 饮水

6.2.1 水质应符合 NY 5027 的要求。

6.2.2 定期清洗消毒饮水设备。

6.3 疫苗和使用

6.3.1 牛群的防疫应符合 NY 5126 的要求。

6.3.2 防疫器械在防疫前后应彻底消毒。

6.4　兽药和使用

6.4.1　治疗使用药剂时，执行 NY 5125 的规定。

6.4.2　肉牛育肥后期使用药物时，应根据 NY 5125 执行休药期。

6.4.3　发生疾病的种公牛、种母牛及后备牛必须使用药物治疗时，在治疗期或达不到休药期的不应作为食用淘汰牛出售。

7　卫生消毒

7.1　消毒剂

选用的消毒剂应符合 NY 5125 的要求。

7.2　消毒方法

7.2.1　喷雾消毒

对清洗完毕后的牛舍、带牛环境、牛场道路和周围以及进入场区的车辆等用规定浓度的次氯酸盐、有机碘混合物、过氧乙酸、新洁尔灭、煤酚等进行喷雾消毒。

7.2.2　浸液消毒

用规定浓度的新洁尔灭、有机碘混合物或煤酚等的水溶液，洗手、洗工作服或胶靴。

7.2.3　紫外线消毒

人员入口处设紫外线灯照射至少 5 min。

7.2.4　喷洒消毒

在牛舍周围、入口、产床和牛床下面撒生石灰、火碱等进行消毒。

7.2.5　火焰消毒

在牛只经常出入的产房、培育舍等地方用喷灯的火焰依次瞬间喷射消毒。

7.2.6 熏蒸消毒

用甲醛等对饲喂用具和器械在密闭的室内或容器内进行熏蒸。

7.3 消毒制度

7.3.1 环境消毒

牛舍周围环境每2～3周用2%火碱或撒生石灰消毒1次；场周围及场内污染地、排粪坑、下水道出口，每月用漂白粉消毒1次。在牛场、牛舍入口设消毒池，定期更换消毒液。

7.3.2 人员消毒

工作人员进入生产区净道和牛舍要更换工作服和工作鞋，经紫外线消毒。外来人员必须进入生产区时，应更换场区工作服和工作鞋，经紫外线消毒，并遵守场内防疫制度，按指定路线行走。

7.3.3 牛舍消毒

每批牛只调出后，应彻底清扫干净，用水冲洗，然后进行喷雾消毒。

7.3.4 用具消毒

定期对饲喂用具、饲料车等进行消毒。

7.3.5 带牛消毒

定期进行带牛消毒，减少环境中的病原微生物。

8 管理

8.1 人员管理

8.1.1 牛场工作人员应定期进行健康检查，有传染病者不得从事饲养工作。

8.1.2 场内兽医人员不应对外出诊，配种人员不应对外开展牛的配种工作。

8.1.3 场内工作人员不应携带非本场的动物食品入场。

8.2 饲养管理

8.2.1 不应喂发霉或变质的饲料和饲草。

8.2.2 按体重、性别、年龄、强弱分群饲养，观察牛群健康状态，发现问题及时处理。

8.2.3 保持地面清洁，垫料应定期消毒和更换。保持料槽、水槽及舍内用具洁净。

8.2.4 对成年种公牛、母牛定期浴蹄和修蹄。

8.2.5 对所有牛用打耳标等方法编号。

8.3 灭蚊蝇、灭鼠、驱虫

8.3.1 消毒水坑等蚊蝇孳生地，定期喷洒消毒药物，消灭蚊蝇。

8.3.2 使用器具和药物灭鼠，及时收集死鼠和残余鼠药，并应做无害化处理。

8.3.3 选择高效、安全的抗寄生虫药物驱虫，驱虫程序要符合 NY 5125 的要求。

9 运输

9.1 商品牛运输时，应经动物防疫监督机构根据 GB 16549 检疫，并出具检疫证明。

9.2 运输车辆在使用前后要按照 GB 16567 的要求消毒。

10 病、死牛处理

10.1 牛场不应出售病牛、死牛。

10.2 需要处死的病牛，应在指定地点进行扑杀，传染病牛尸体要按照 GB 16548 进行处理。

10.3 有使用价值的病牛应隔离饲养、治病、病愈后归群。

11 废弃物处理

牛场污染物排放应符合 GB 18596 的要求。

12 资料记录

12.1 所有记录应准确、可靠、完整。

12.2 牛只标记和谱系的育种记录。

12.3 发情、配种、妊娠、流产、产犊和产后监护的繁殖记录。

12.4 哺乳、断奶、转群的生产记录。

12.5 种牛及肥育牛来源、牛号、主要生产性能及销售地记录。

12.6 饲料及各种添加剂来源、配方及饲料消耗记录。

12.7 防疫、检疫、发病、用药和治疗情况记录。

附件 2　名词术语

一、基础名词术语

1. 初生重

犊牛吃初乳前的活重。

2. 断奶重

断奶重指断奶时体重，一般用校正断奶重。

校正断奶重＝［（断奶体重－初生重）/断奶日龄］×210＋初生重。

3. 哺乳期日增重

断乳前犊牛平均每天增重量。

4. 育肥期日增重

育肥期日增重＝（期末体重－期初体重）/饲养日。

5. 饲料利用率

饲料利用率＝饲养期内共消耗饲料干物质量/饲养期内增重。

6. 大腿肌肉厚

大腿后侧胴体体表至股骨体中点垂直距离。

7. 背脂厚

第 5、第 6 胸椎处的背部皮下脂肪厚。

8. 腰脂厚

第 12 至第 13 胸椎间离背中线 3～5 cm，相对眼肌最厚处的皮下脂肪厚。

9. 皮厚

测量右侧第 10 肋骨椎骨端的双层皮厚再被 2 除。

10. 腰部肌肉厚

自体表至第 3 腰椎横突的垂直距离。

11. 宰前活重

停食 24 h，停水 8 h 后宰前体重。

12. 宰后重

屠宰放血后的重量或宰前重减去血重。

13. 胴体重

屠体去头、皮、尾、内脏器官、生殖器官、腕关节以下四肢而带肾脏和周围脂肪重量。

14. 净肉重

胴体去骨后的全部重量。

15. 胴体长

自耻骨缝前缘至第 1 肋骨前缘中点长度。

16. 胴体深

自第 7 胸椎棘突体表至第 7 肋骨体表的垂直距离。

17. 胴体胸宽

通过第 3 肋骨的水平线，起点包括棘突上部及胸骨下部的肉厚。

18. 酮体后腿长

耻骨缝前缘至跗关节的中点长度。

19. 胴体后腿宽

由除去尾后的凹处至同侧大腿前缘的水平宽度，或由坐骨结节端至大腿前缘的水平宽度。

20. 胴体后腿围

股骨与胫腓骨连接处的水平围度。

21. 屠宰率

屠宰率＝胴体重/宰前活重×100％。

22. 胴体产肉率

胴体净肉重占胴体重的比率。一般为80％～88％。

胴体产肉率＝净肉重/胴体重×100％。

23. 肉骨比

肉骨比＝胴体净肉重/胴体骨骼重。

24. 肉脂比

肉脂比＝净肉重/脂肪重。

25. 净肉率

净肉率＝净肉重/宰前活重×100％。

26. 血重

宰前重减去宰后重。

27. 净体重

屠宰放血后，再除去胃肠及膀胱内容物的重量。

28. 骨重

胴体剔除肉后的重量。要求精细剔骨，骨上带肉不超过1～1.5 kg。

骨重＝胴体重－净肉重。

29. 切块部位肉重

胴体按切块要求切块后各部位的重量。

30. 二分胴体

剥皮后立即将胴体分成两半，并尽力沿脊柱中心将胴体锯成相等的两半。

31. 四分胴体

在每边胴体的第 12 和第 13 肋间将胴体分成前和后 1/4 胴体。通常在后 1/4 胴体上保留一根肋骨，以保持腰肉的形状，便于将其切成肉排。

32. 胴体肥度

指胴体外观脂肪的覆盖面积、肌肉内部脂肪的分布和“大理石”状的程度。胴体表面脂肪覆盖要求分布均匀，厚度适宜，覆盖面积大。

33. 生产性能测定

指对家畜个体具有特定经济价值的某一性状的表型值进行测定的一种育种措施，是对种畜进行遗传评估的最基本依据，也是选种过程中决定选留与否的决定因素。

二、技术名词术语

1. 架子牛

未经育肥或不够屠宰体况，年龄在 1～3 岁以内的牛。

2. 小白牛肉生产

犊牛出生后完全用全乳，脱脂乳或代用乳饲喂，哺乳期 3 个月，体重 100 kg 左右时屠宰。

3. 强度育肥

指利用高营养水平日粮在短期内强制性让牛多采食饲料，达到快速增重或沉积脂肪的目的。

4. 补偿生长

在生长发育的某个阶段，若因营养不足，管理不当造成生长发育受阻，一旦恢复良好的营养、管理水平时，其增重速度比一般牛要快，经过一段时间后，能恢复到正常体重。

5. 料重比

育肥牛增加 1 kg 体重（活重）和需要消耗的饲料重量之比。

6. 眼肌面积（cm^2）

牛的第 12 至第 13 肋骨间脊椎上背最长肌（眼肌）的横截面积。

7. 肉牛育肥

就是使日粮中的营养成分含量高于牛本身维持和正常发育所需的营养，使多余的营养以脂肪的形式沉积于体内，获得高于正常生长发育的日增重，达到育肥的目的，提前出栏。

8. 架子牛育肥

将断奶后低营养水平饲养方式培育的牛集中在一起，采用高营养水平饲养方式，使其在短时期内快速生长发育出栏。育肥期一般在 3～6 个月。

9. 持续育肥

犊牛断奶后直接进入育肥期直到出栏为止，分为就地育肥和易地育肥两种形式。

10. “吊架子”期

犊牛断奶后，到育肥前经过 8～10 个月甚至更长时间的生长期，即“吊架子”期，体重 300 kg 以上（地方品种牛 250 kg 以上），牛已有较大骨架，但尚未达到上市体重，膘情很差，产肉率很低，肉质差，售价低，散养各地，年龄也大小不等。

11. 高档优质牛肉生产

指利用精细挑选的架子牛（断奶后的育成牛），通过调整饲养过程和阶段，强化育肥饲养管理来生产高档优质牛肉的技术。

12. 放牧育肥

指从犊牛到出栏牛，完全采用草地放牧而不补充任何饲料的育肥方式，也称草地畜牧业。

13. 半舍饲育肥

夏季青草期牛群采取放牧育肥，寒冷干旱的枯草期牛群于舍内圈养，这种半集约式的育肥方式称为半舍饲育肥。

14. 舍饲育肥

肉牛从出生到屠宰全部实行圈养的育肥方式称为舍饲育肥。

15. 犊牛育肥

犊牛育肥又叫小牛肉生产，指犊牛出生后6～8个月，在特殊饲养条件下，育肥至250～350 kg时屠宰，生产出风味独特，肉质鲜嫩、多汁的高档犊牛肉。小牛肉生产过程其实是全乳和全精饲料育肥，实行分阶段饲养。

16. 青年牛育肥

主要是利用幼龄牛生长快的特点，在犊牛断奶后直接转入育肥阶段，给以高水平营养，进行直线持续强度育肥，24月龄前出栏，出栏体重达到360～550 kg及以上。这类牛肉鲜嫩多汁、脂肪少、适口性好，是高档牛肉。

17. 放牧补饲强度育肥

是指犊牛断奶后进行越冬舍饲，到第二年春季结合放牧适当补饲精料。这使牛只在一定时间内获得较高日增重，达到育肥目的。

18. 架子牛快速育肥

也称后期集中育肥，是指犊牛断奶后，在较粗放的饲养条件饲养到2～3周岁，体重达到300 kg以上时，采用强度育肥方式，集中育肥3～4个月，充分利用牛的补偿生长能力，达到理想体重和膘情后屠宰。

三、胴体剖分与膘度评定

（一）胴体剖分

二分胴体是剥皮后立即沿脊柱中心将胴体分成尽量相等的两半胴体。四分胴体是在二分胴体的第 12 和第 13 肋间将胴体分成前 1/4 胴体和后 1/4 胴体。通常在后 1/4 胴体上保留一根肋骨，以保持腰肉的形状，便于将其切成肉排。

（二）胴体膘度评定

胴体肥度指胴体外观脂肪的覆盖面积和肌肉内部脂肪的分布及“大理石”状的程度。胴体表面脂肪覆盖要求分布均匀，厚度适宜，覆盖面积大。欧洲共同体（EEC）对肉牛胴体肥度的评定共分 5 个等级。

一级（低，low）：胴体表面几乎无脂肪。

二级（少，slight）：脂肪覆盖少而薄，可见肌肉，胸腔内可见肋骨肉，覆盖度 60%以下。

三级（中，average）：胴体表面大部分覆盖脂肪，覆盖度为 60%～75%，胸腔内沉积脂肪少，仍可见肋骨肉。

四级（高，high）：胴体表面覆盖脂肪良好，覆盖度为 76%～89%，臀部脂肪明显，胸腔有一定脂肪沉积。

五级（很高，very high）：整个胴体被脂肪覆盖，覆盖度达 90%以上，胸腔脂肪沉积多，胸腔内肋间也沉积脂肪，臀部完全被脂肪覆盖。

四、肉牛产肉性能测定

肉牛产肉性能的测定项目就是肉牛在屠宰时的测定项目，主要有：

（一）重量测定

宰前重：屠宰前绝食 24 h，临宰时的实称体重。

宰后重：屠宰放尽血后的尸体重量。

血重：宰前重减去宰后重。

胴体重＝宰前重－［血重＋皮重＋内脏重（不含板油和肾脏）＋头重＋尾重＋腕跗关节以下的四肢重］

净体重：屠宰放血后，再除去胃肠及膀胱内容物的重量。

骨重：胴体剔除肉后的重量，即胴体重－净肉重。要求精细剔骨，骨上带肉不超过 1～1.5 kg。记录时要注明是热肉还是冷肉。

净肉重：胴体剔除骨后的全部肉重。

切块部位肉重：胴体按切块要求切块后各部位的重量。

头、蹄、皮、油、内脏重分别称重。其中油重＝板油＋花油＋肠油＋骨盆油重，内脏重须分别称取心、肝、脾、肺、肾、胰、瘤胃、网胃、瓣胃、真胃、小肠、大肠、直肠、盲肠及膀胱的重量。

（二）长度测定

胴体长：自耻骨缝前缘至第 1 肋骨前缘中点的长度。

胴体后腿长：从耻骨缝至跗关节（飞节）的长度。

（三）宽度测定

胴体后腿宽：指由除去尾后的凹处至同侧大腿前缘的水平宽度，或由坐骨结节端至大腿前缘的水平宽度。

（四）深度测定

胴体深：从第 7 胸椎棘突处的体表通过第 7 肋骨的垂直长度。

胴体胸宽：指通过第 3 肋骨的水平线，起点包括棘突上部及胸骨下部的肉厚。

（五）厚度测定

皮厚：测量右侧第10肋骨椎骨端的双层皮厚再被2除。

大腿肌肉厚：是自体表至股骨体中点垂直距离。

腰部肌肉厚：是自体表至第3腰椎横突的垂直距离。

背脂厚：是第5、第6胸椎处背中线两侧的皮下脂肪厚度。

腰脂厚：第12至第13胸椎间离背中线3～5 cm，相对眼肌最厚处的皮下脂肪厚度。

（六）眼肌面积及其他测定

眼肌面积：第12、第13肋骨间切开，在12肋骨前缘用硫酸纸将眼肌面积描两次，用求积仪或方格透明卡片（每格1 cm^2）算出眼肌面积。

胴体后腿围：指股骨与胫腓骨连接处的水平围度。

9-10肋骨样块：先在第8及第10肋骨后缘切开，与胴体分离（样块不包括背最长肌及脊椎骨），然后将骨肉分离，分别称量肋骨及肌肉重量，全部肌肉均作化学分析样品。

9-10-11肋骨样块主要是科学研究时作化学成分分析。在生产评定时，常用第12、第13肋间眼肌面积表示肌肉所占的比例情况，用第12、第13肋横切的脂肪分布表示体脂情况。

（七）胴体产肉的几种主要指标计算

屠宰率指胴体重占活重的比率，它是表明肉牛生产性能的常用指标。肉牛屠宰率超过50％为中等指标，超过60％为高指标。其计算方法有两种：

1. 按宰前重计算

屠宰率＝胴体重/宰前重×100％

屠宰率＝（胴体重＋脂肪重）/宰前重×100％

2. 按净体重计算

屠宰率＝胴体重/净体重×100％

屠宰率＝（胴体重＋脂肪重）/净体重×100％

净肉率指净肉重占宰前空腹活重的比率。良好肉牛一般在45％左右，其计算方法有两种：

1. 按宰前重计算

净肉率＝净肉重/宰前重×100％

2. 按净体重计算

净肉率＝净肉重/净体重×100％

胴体产肉率指胴体净肉重占胴体重的比率。一般为80％～88％。

胴体产肉率＝净肉重/胴体重×100％

肉骨比＝胴体净肉重/胴体骨骼重

肉脂比＝净肉重/脂肪重

附件3　生长育肥牛的每日营养需要量

附表 3-1　生长育肥牛的每日营养需要量（肉牛饲养标准 NY/T 815—2004）

LBW kg	ADG kg/d	DMI kg/d	NEm MJ/d	NEg MJ/d	RND	NEmf MJ/d	CP g/d	IDCPm g/d	IDCPg g/d	IDCP g/d	钙 g/d	磷 g/d
150	0	2.66	13.80	0.00	1.46	11.76	236	158	0	158	5	5
	0.3	3.29	13.80	1.24	1.87	15.10	377	158	103	261	14	8
	0.4	3.49	13.80	1.71	1.97	15.90	421	158	136	294	17	9
	0.5	3.70	13.80	2.22	2.07	16.74	465	158	169	328	19	10
	0.6	3.91	13.80	2.76	2.19	17.66	507	158	202	360	22	11
	0.7	4.12	13.80	3.34	2.30	18.58	548	158	235	393	25	12
	0.8	4.33	13.80	3.97	2.45	19.75	589	158	267	425	28	13
	0.9	4.54	13.80	4.64	2.61	21.05	627	158	298	457	31	14
	1.0	4.75	13.80	5.38	2.80	22.64	665	158	329	487	34	15
	1.1	4.95	13.80	6.18	3.02	20.35	704	158	360	518	37	16
	1.2	5.16	13.80	7.06	3.25	26.28	739	158	389	547	40	16
175	0	2.98	15.49	0.00	1.63	13.18	265	178	0	178	6	6
	0.3	3.63	15.49	1.45	2.09	16.90	403	178	104	281	14	9
	0.4	3.85	15.49	2.00	2.20	17.78	447	178	138	315	17	9
	0.5	4.07	15.49	2.59	2.32	18.70	489	178	171	349	20	10
	0.6	4.29	15.49	3.22	2.44	19.71	530	178	204	382	23	11
	0.7	4.51	15.49	3.89	2.57	20.75	571	178	237	414	26	12
	0.8	4.72	15.49	4.63	2.79	22.05	609	178	269	446	28	13
	0.9	4.94	15.49	5.42	2.91	23.47	650	178	300	478	31	14
	1.0	5.16	15.49	6.28	3.12	25.23	686	178	331	508	34	15
	1.1	5.38	15.49	7.22	3.37	27.20	724	178	361	538	37	16
	1.2	5.59	15.49	8.24	3.63	29.29	759	178	390	567	40	17

续附表 3-1

LBW kg	ADG kg/d	DMI kg/d	NEm MJ/d	NEg MJ/d	RND	NEmf MJ/d	CP g/d	IDCPm g/d	IDCPg g/d	IDCP g/d	钙 g/d	磷 g/d
200	0	3. 30	17. 12	0. 00	1. 80	14. 56	293	196	0	196	7	7
	0. 3	3. 98	17. 12	1. 66	2. 32	18. 70	428	196	105	301	15	9
	0. 4	4. 21	17. 12	2. 28	2. 43	19. 62	472	196	139	336	17	10
	0. 5	4. 44	17. 12	2. 95	2. 56	20. 67	514	196	173	369	20	11
	0. 6	4. 66	17. 12	3. 67	2. 69	21. 76	555	196	206	403	23	12
	0. 7	4. 89	17. 12	4. 45	2. 83	22. 47	593	196	239	435	26	13
	0. 8	5. 12	17. 12	5. 29	3. 01	24. 31	631	196	271	467	29	14
	0. 9	5. 34	17. 12	6. 19	3. 21	25. 90	669	196	302	499	31	15
	1. 0	5. 57	17. 12	7. 17	3. 45	27. 82	708	196	333	529	34	16
	1. 1	5. 80	17. 12	8. 25	3. 71	29. 96	743	196	362	558	37	17
	1. 2	6. 03	17. 12	9. 42	4. 00	32. 30	778	196	391	587	40	17
225	0	3. 60	18. 71	0. 00	1. 87	15. 10	320	214	0	214	7	7
	0. 3	4. 31	18. 71	1. 86	2. 56	20. 71	452	214	107	321	15	10
	0. 4	4. 55	18. 71	2. 57	2. 69	21. 76	494	214	141	356	18	11
	0. 5	4. 78	18. 71	3. 32	2. 83	22. 89	535	214	175	390	20	12
	0. 6	5. 02	18. 71	4. 13	2. 98	24. 10	576	214	209	423	23	13
	0. 7	5. 26	18. 71	5. 01	3. 14	25. 36	614	214	241	456	26	14
	0. 8	5. 49	18. 71	5. 95	3. 33	26. 90	652	214	273	488	29	14
	0. 9	5. 73	18. 71	6. 97	3. 55	28. 66	691	214	304	519	31	15
	1. 0	5. 96	18. 71	8. 07	3. 81	30. 79	726	214	335	549	34	16
	1. 1	6. 20	18. 71	9. 28	4. 10	33. 10	761	214	364	578	37	17
	1. 2	6. 44	18. 71	10. 59	4. 42	35. 69	796	214	391	606	39	18
250	0	3. 90	20. 24	0. 00	2. 20	17. 78	346	232	0	232	8	8
	0. 3	4. 64	20. 24	2. 07	2. 81	22. 72	475	232	108	340	16	11
	0. 4	4. 88	20. 24	2. 85	2. 95	23. 85	517	232	143	375	18	12
	0. 5	5. 13	20. 24	3. 69	3. 11	25. 10	558	232	177	409	21	12
	0. 6	5. 37	20. 24	4. 59	3. 27	26. 44	599	232	211	443	23	13
	0. 7	5. 62	20. 24	5. 56	3. 45	27. 82	637	232	244	475. 9	26	14
	0. 8	5. 87	20. 24	6. 61	3. 65	29. 50	672	232	276	507. 8	29	15
	0. 9	6. 11	20. 24	7. 74	3. 89	31. 38	711	232	307	538. 8	31	16
	1. 0	6. 36	20. 24	8. 97	4. 18	33. 72	746	232	337	568. 6	34	17
	1. 1	6. 60	20. 24	10. 31	4. 49	36. 28	781	232	365	597. 2	36	18
	1. 2	6. 85	20. 24	11. 77	4. 84	39. 06	814	232	392	624. 3	39	18

续附表 3-1

LBW kg	ADG kg/d	DMI kg/d	NEm MJ/d	NEg MJ/d	RND	NEmf MJ/d	CP g/d	IDCPm g/d	IDCPg g/d	IDCP g/d	钙 g/d	磷 g/d
	0	4.19	21.74	0.00	2.40	19.37	372	249	0	249.2	9	9
	0.3	4.96	21.74	2.28	3.07	24.77	501	249	110	359	16	12
	0.4	5.21	21.74	3.14	3.22	25.98	543	249	145	394.4	19	12
	0.5	5.47	21.74	4.06	3.39	27.36	581	249	180	429	21	13
	0.6	5.72	21.74	5.05	3.57	28.79	619	249	214	462.8	24	14
275	0.7	5.98	21.74	6.12	3.75	30.29	657	249	247	495.8	26	15
	0.8	6.23	21.74	7.27	3.98	32.13	696	249	278	527.7	29	16
	0.9	6.49	21.74	8.51	4.23	34.18	731	249	309	558.5	31	16
	1.0	6.74	21.74	9.86	4.55	36.74	766	249	339	588	34	17
	1.1	7.00	21.74	11.34	4.89	39.50	798	249	367	616	36	18
	1.2	7.25	21.74	12.95	5.60	42.51	834	249	393	642.4	39	19
	0	4.46	23.21	0.00	2.60	21.00	397	266	0	266	10	10
	0.3	5.26	23.21	2.48	3.32	26.78	523	266	112	377.6	17	12
	0.4	5.53	23.21	3.42	3.48	28.12	565	266	147	413.4	19	13
	0.5	5.79	23.21	4.43	3.66	29.58	603	266	182	448.4	21	14
	0.6	6.06	23.21	5.51	3.86	31.13	641	266	216	482.4	24	15
300	0.7	6.32	23.21	6.67	4.06	32.76	679	266	249	515.5	26	15
	0.8	6.58	23.21	7.93	4.31	34.77	715	266	281	547.4	29	16
	0.9	6.85	23.21	9.29	4.58	36.99	750	266	312	578	31	17
	1.0	7.11	23.21	10.76	4.92	39.71	785	266	341	607.1	34	18
	1.1	7.38	23.21	12.37	5.29	42.68	818	266	369	634.6	36	19
	1.2	7.64	23.21	14.12	5.69	45.98	850	266	394	660.3	38	19
	0	4.75	24.65	0.00	2.78	22.43	421	282	0	282.4	11	11
	0.3	5.57	24.65	2.69	3.54	28.58	547	282	114	396	17	13
	0.4	5.84	24.65	3.71	3.72	30.04	586	282	150	432.3	19	14
	0.5	6.12	24.65	4.80	3.91	31.59	624	282	185	467.6	22	14
	0.6	6.39	24.65	5.97	4.12	33.26	662	282	219	501.9	24	15
325	0.7	6.66	24.65	7.23	4.36	35.02	700	282	253	535.1	26	16
	0.8	6.94	24.65	8.59	4.60	37.15	736	282	284	566.9	29	17
	0.9	7.21	24.65	10.06	4.90	39.54	771	282	315	597.3	31	18
	1.0	7.49	24.65	11.66	5.25	42.43	803	282	344	626.1	33	18
	1.1	7.76	24.65	13.40	5.65	45.61	839	282	371	653	36	19
	1.2	8.03	24.65	15.30	6.08	49.12	868	282	395	677.8	38	20

续附表 3-1

LBW kg	ADG kg/d	DMI kg/d	NEm MJ/d	NEg MJ/d	RND	NEmf MJ/d	CP g/d	IDCPm g/d	IDCPg g/d	IDCP g/d	钙 g/d	磷 g/d
350	0	5.02	26.06	0.00	2.95	23.85	445	299	0	298.6	12	12
	0.3	5.87	26.06	2.90	3.76	30.38	569	299	122	420.6	18	14
	0.4	6.15	26.06	3.99	3.95	31.92	607	299	161	459.4	20	14
	0.5	6.43	26.06	5.17	4.16	33.60	645	299	199	497.1	22	15
	0.6	6.72	26.06	6.43	4.38	35.40	683	299	235	533.6	24	16
	0.7	7.00	26.06	7.79	4.61	37.24	719	299	270	568.7	27	17
	0.8	7.28	26.06	9.25	4.89	39.50	757	299	304	60.23	29	17
	0.9	7.57	26.06	10.83	5.21	42.05	789	299	336	634.1	31	18
	1.0	7.85	26.06	12.55	5.59	45.15	824	299	365	664	33	19
	1.1	8.13	26.06	14.43	6.01	48.53	857	299	393	691.7	36	20
	1.2	8.41	26.06	16.48	6.47	52.26	889	299	418	716.9	38	20
375	0	5.28	27.44	0.00	3.13	25.27	469	314	0	314.4	12	12
	0.3	6.16	27.44	3.10	3.99	32.22	593	314	119	433.5	18	14
	0.4	6.45	27.44	4.28	4.19	33.85	631	314	157	471.2	20	15
	0.5	6.74	27.44	5.54	4.41	35.61	669	314	193	507.7	22	16
	0.6	7.03	27.44	6.89	4.65	37.53	704	314	228	542.9	25	17
	0.7	7.32	27.44	8.34	4.89	39.50	743	314	262	576.6	27	17
	0.8	7.62	27.44	9.91	5.19	41.88	778	314	294	608.7	29	18
	0.9	7.91	27.44	11.61	5.52	44.60	810	314	324	638.9	31	19
	1.0	8.20	27.44	13.45	5.93	47.87	845	314	353	667.1	33	19
	1.1	8.49	27.44	15.46	6.26	50.54	878	314	378	692.9	35	20
	1.2	8.79	27.44	17.65	6.75	54.48	907	314	402	716	38	20
400	0	5.55	28.80	0.00	3.31	26.74	492	330	0	330	13	13
	0.3	6.45	28.80	3.31	4.22	34.06	613	330	116	446.2	19	15
	0.4	6.76	28.80	4.56	4.43	35.77	651	330	153	482.7	21	16
	0.5	7.06	28.80	5.91	4.66	37.66	689	330	188	518	23	17
	0.6	7.36	28.80	7.35	4.91	39.66	727	330	222	551.9	25	17
	0.7	7.66	28.80	8.90	5.17	41.76	763	330	254	584.3	27	18
	0.8	7.96	28.80	10.57	5.49	44.31	798	330	285	614.8	29	19
	0.9	8.26	28.80	12.38	5.64	47.15	830	330	313	643.5	31	19
	1.0	8.56	28.80	14.35	6.27	50.63	866	330	340	669.9	33	20
	1.1	8.87	28.80	16.49	6.74	54.43	895	330	364	693.8	35	21
	1.2	9.17	28.80	18.83	7.26	58.66	927	330	385	714.8	37	21

续附表 3-1

LBW kg	ADG kg/d	DMI kg/d	NEm MJ/d	NEg MJ/d	RND	NEmf MJ/d	CP g/d	IDCPm g/d	IDCPg g/d	IDCP g/d	钙 g/d	磷 g/d
425	0	5.80	30.14	0.00	3.48	28.08	515	345	0	345.4	14	14
	0.3	6.73	30.14	3.52	4.43	35.77	636	345	113	458.6	19	16
	0.4	7.04	30.14	4.85	4.65	37.57	674	345	149	494	21	17
	0.5	7.35	30.14	6.28	4.90	39.54	712	345	183	528.1	23	17
	0.6	7.66	30.14	7.81	5.16	41.67	747	345	215	560.7	25	18
	0.7	7.97	30.14	9.45	5.44	43.89	783	345	246	591.7	27	18
	0.8	8.29	30.14	11.23	5.77	46.57	818	345	275	620.8	29	19
	0.9	8.60	30.14	13.15	6.14	49.58	850	345	302	647.8	31	20
	1.0	8.91	30.14	15.24	6.59	53.22	886	345	327	672.4	33	20
	1.1	9.22	30.14	17.52	7.09	57.24	918	345	349	694.4	35	21
	1.2	9.53	30.14	20.01	7.64	61.67	947	345	368	713.3	37	22
450	0	6.06	31.46	0.00	3.63	29.33	538	361	0	360.5	15	15
	0.3	7.02	31.46	3.72	4.63	37.41	659	361	110	470.7	20	17
	0.4	7.34	31.46	5.14	4.87	39.33	697	361	145	505.1	21	17
	0.5	7.66	31.46	6.65	5.12	41.38	732	361	177	538	23	18
	0.6	7.98	31.46	8.27	5.40	43.60	770	361	209	569.3	25	19
	0.7	8.30	31.46	10.01	5.69	45.94	806	361	238	598.9	27	19
	0.8	8.62	31.46	11.89	6.03	48.74	841	361	266	626.5	29	20
	0.9	8.94	31.46	13.93	6.43	51.92	873	361	291	651.8	31	20
	1.0	9.26	31.46	16.14	6.90	55.77	906	361	314	674.7	33	21
	1.1	9.58	31.46	18.55	7.42	59.96	938	361	334	694.8	35	22
	1.2	9.90	31.46	21.18	8.00	64.60	967	361	351	711.7	37	22
475	0	6.31	32.76	0.00	3.79	30.63	560	375	0	375.4	16	16
	0.3	7.30	32.76	3.93	4.84	39.08	681	375	107	482.7	20	17
	0.4	7.63	32.76	5.42	5.09	41.09	719	375	140	515.9	22	18
	0.5	7.96	32.76	7.01	5.35	43.26	754	375	172	547.6	24	19
	0.6	8.29	32.76	8.73	5.64	45.61	789	375	202	577.7	25	19
	0.7	8.61	32.76	10.57	5.94	48.03	825	375	230	605.8	27	20
	0.8	8.94	32.76	12.55	6.31	51.00	860	375	257	631.9	29	20
	0.9	9.27	32.76	14.70	6.72	54.31	892	375	280	655.7	31	21
	1.0	9.60	32.76	17.04	7.22	58.32	928	375	301	676.9	33	21
	1.1	9.93	32.76	19.58	7.77	62.76	957	375	320	695	35	22
	1.2	10.26	32.76	22.36	8.37	67.61	989	375	334	709.8	36	23

续附表 3-1

LBW kg	ADG kg/d	DMI kg/d	NEm MJ/d	NEg MJ/d	RND	NEmf MJ/d	CP g/d	IDCPm g/d	IDCPg g/d	IDCP g/d	钙 g/d	磷 g/d
500	0	6.56	34.05	0.00	3.95	31.92	582	390	0	390.2	16	16
	0.3	7.58	34.05	4.14	5.04	40.71	700	390	104	494.5	21	18
	0.4	7.91	34.05	5.71	5.30	42.84	738	390	136	526.6	22	19
	0.5	8.25	34.05	7.38	5.58	45.10	776	390	167	557.1	24	19
	0.6	8.59	34.05	9.18	5.88	47.53	811	390	196	585.8	26	20
	0.7	8.93	34.05	11.12	6.20	50.08	847	390	222	612.6	27	20
	0.8	9.27	34.05	13.21	6.58	53.18	882	390	247	637.2	29	21
	0.9	9.61	34.05	15.48	7.01	56.65	912	390	269	659.4	31	21
	1.0	9.94	34.05	17.93	7.53	60.88	947	390	289	678.8	33	22
	1.1	10.28	34.05	20.61	8.10	65.48	979	390	305	695	34	23
	1.2	10.62	34.05	23.54	8.73	70.54	1011	390	318	707.7	36	23

附表 3-2 肉牛对日粮微量矿物元素、维生素需要量

微量元素	单位	需要量［以日粮干物质（DMI）计］				
		生长和肥育牛	最大耐受浓度	维生素	单位	肉牛
钴（Co）	mg/kg	0.10	10			
铜（Cu）	mg/kg	10.00	100	维生素 A	IU/kg	2 200
碘（I）	mg/kg	0.50	50			
铁（Fe）	mg/kg	50.00	1 000	维生素 D	IU/kg	275
锰（Mn）	mg/kg	20.00	1 000			
硒（Se）	mg/kg	0.10	2	维生素 E	IU/kg	幼年犊牛 & 肥育阉牛 50～100
锌（Zn）	mg/kg	30.00	500			

注：参照 NRC（2016）

附表 3-3　饲料中赭曲霉毒素 A 和玉米赤霉烯酮的允许量（饲料卫生标准 GB 13078—2017）

项目	产品名称		限量	试验方法
赭曲霉毒素 A μg/kg	饲料原料	谷物及其加工产品	≤100	GB/T 30957
	饲料产品	配合饲料	≤100	
玉米赤霉烯酮 mg/kg	饲料原料	玉米及其加工产品（玉米皮、喷浆玉米皮、玉米浆干粉除外）	≤0.5	NY/T 2071
		玉米皮、喷浆玉米皮、玉米浆干粉、玉米酒糟类产品	≤1.5	
		其他植物性饲料原料	≤1	
	饲料产品	犊牛、羔羊、泌乳期精料补充料	≤0.5	
		仔猪配合饲料	≤0.15	
		青年母猪配合饲料	≤0.1	
		其他猪配合饲料	≤0.25	
		其他配合饲料	≤0.5	

附件 4　肉牛标准化规模养殖场验收条件

附表 4-1　肉牛标准化规模养殖场验收条件

必备条件（任一项不符合不得验收）	1. 场址不得位于《畜牧法》明令禁止的区域，土地使用符合相关法律法规与区域内土地使用规划	
	2. 养殖场有动物防疫条件合格证	
	3. 有完整的养殖档案	
	4. 两年内无重大动物疫病发生，无非法添加物使用记录	
	5. 年出栏育肥牛 500 头肉牛育肥场	
创建内容	具体标准	
一、选址与布局	（一）选址	距离主要交通干线和居民区 500 m 以上
		地势高燥，通风良好
		远离噪音
	（二）基础设施	水源稳定，有贮存、净化设施
		电力供应充足有保障
		交通便利，有专用车道直通到场
	（三）场区布局	场区与外环境隔离，场区内生活区、生产区、办公区、粪污处理区分开
	（四）净、污道	有净道、污道，且净道、污道严格分开
二、设施与设备	（一）饲养密度	牛舍内饲养密度≥3.5 m^2/头
	（二）消毒设施	场门口有消毒池，场内有消毒室
		场区有内外环境消毒设备
	（三）养殖设备	牛舍有固定食槽，运动场设补饲槽
		有精料搅拌机或使用专业精料补充料，有饲料库
		有自动饮水器或独立饮水槽，运动场设饮水槽
		有青贮设备，有干草棚
		有带棚的贮粪场及粪便处理设备
	（四）辅助设施	有资料档案室
		育肥牛场有兽医室
		有装牛台和地磅
		有专用更衣室

续附表 4-1

创建内容		具体标准
三、管理及防疫	（一）管理制度	有生产管理制度并上墙
		有防疫消毒制度并上墙
	（二）操作规程	有科学的饲养管理操作规程
		有科学合理的免疫程序
	（三）生产记录	有购牛时的动物检疫合格证明，并完整记录品种、来源、数量、月龄、出栏月龄、出栏体重等情况
		有完整生产记录，包括产犊记录、牛群周转、日饲料消耗及温湿度等记录和生产性能记录
		有完整的饲料、兽药使用记录，包括使用对象、使用时间和用量记录
		有完整的免疫、用药及治疗效果等记录
	（四）档案管理	有牛群购销、疫病防治、饲料采购、人员雇佣等生产管理档案
	（五）人员配备	有一名或一名以上畜牧兽医专业技术人员或与当地高级畜牧兽医人员有合作协议
四、环保要求	（一）粪污处理	有固定的牛粪储存、堆放场所，并有防止粪液渗漏、溢流措施
		对牛场废弃物有处理设备，如有机肥发酵设备或沼气设备等，并有效运行
	（二）农牧结合	粪污作为有机肥利用，粪污农牧结合处理
		有收购农户秸秆、自有粗饲料地或有与当地农户有购销秸秆合同协议

附件5　青贮饲料评价

1. 青贮饲料感官评定（附表5-1）

附表5-1　青贮饲料感官评定

质量等级	颜色	气味	结构
优	黄绿色或青绿色	芳香酒酸味	湿润、茎叶清晰、松散、柔软、不发黏、易分离
中	黄褐色或暗绿色	香味淡	茎叶部分保持原状，柔软水分稍多
劣	褐色或黑褐色	有刺鼻酸味、霉烂味或腐败味	腐烂、发黏、结块或呈污泥状

2. 不同青贮饲料中各种酸含量（附表5-2）

附表5-2　不同青贮饲料中各种酸含量

质量等级	pH	乳酸/%	醋酸/%		丁酸/%	
			游离	结合	游离	结合
优	4.0～4.2	1.2～1.5	0.7～0.8	0.1～0.15		
中	4.6～4.8	0.5～0.6	0.4～0.5	0.2～0.3		0.1～0.2
劣	5.5～6.0	0.1～0.2	0.1～0.15	0.05～0.1	0.2～0.3	0.8～1.0

附件6　药品

1. 药品用量

临床用药，该用多大的剂量合适有效，要掌握好用药剂量，应明确认识药品的药用量、常用量、极量、中毒量与致死量、突击量及维持量等概念；药物治疗中各种药量的数据是经过周密的药理学、药效学和毒理学实验，并经过反复的临床验证而确定的。

2. 药用量

能产生治疗作用所需的药量为药用量，此量在医药学中也称治疗量或剂量。治疗量是有一定数量范围的，能产生治疗作用的最低量可称最低有效量，或称最小治疗量；药用量的最高量可称为最大治疗量，超过此量则易发生药物不良反应，甚至中毒，这是一个很关键的界限，一般不可逾越。例如：某种药物的有效量是0.1～0.6 g，那么，0.1 g即最低有效量，小于0.1 g则无治疗作用；0.6 g为最高治疗量，不可逾越，超过此量可能发生意外反应，具有一定危险性。

3. 常用量

多指药物治疗量范围内的中间量，就是既有效又较安全这个范围的用量，有时也将这个量叫作常用剂量，实际上就是大多数成年牛能适应的用量，对于犊牛一般按每千克体重来计算药物的用量。

4. 极量

指的是治疗量的最高剂量，极量是允许使用的量，但尽量不用到极量，因为安全系数小，容易发生不良反应。

5. 中毒量与致死量

可引起中毒反应的量为中毒量，一般超过极量即可逐渐产生毒性，用量再大而引起死亡的量即为致死量。

6. 突击量与维持量

在某种特定情况下，首先给较大剂量，这是为了使体内迅速达到较高的药物浓度，以尽快控制病情；然后经较小剂量维持体内的有效浓度，这样，首剂为突击量，然后的较小剂量则为维持量。不过，这种给药方法必须在兽医指导下或经兽医允许方能采用，这种给药法仅限于个别病种与少数的药品，如磺胺类药物。

7. 常用慢性灭鼠药物（附表 6-1）

8. 牛群常用给药方法（附表 6-2）

附表 6-1　常用的慢性灭鼠药物

名称	特性	作用特点	用法	注意事项
敌鼠钠盐	黄色粉末，无臭，无味，溶于沸水、乙醇、丙酮，性质稳定	作用较慢，能阻碍凝血酶原在鼠体内的合成，使凝血时间延长，而且其能损坏毛细血管，增加血管的通透性，引起内脏和皮下出血，最后死于内脏大量出血。一般在投药 1～2 d 出现死鼠，5～8 d 死鼠量达到高峰，死鼠可延续 10 多天	①敌鼠钠盐毒饵：取敌鼠钠盐 5 g，加沸水 2 L 搅匀，再加 10 kg 杂粮，浸泡至毒水全部吸收后，加入适量植物油拌匀，晾干备用。②混合毒饵：将敌鼠钠盐加入面粉或滑石粉中制成 1%毒粉，再取毒粉 1 份，倒入 19 份切碎的鲜菜中拌匀。③毒水：用 1%敌鼠钠盐 1 份，加水 20 份	对人、畜、禽毒性较低，但对猫、犬、肉牛、猪毒性较强，可引起二次中毒。在使用过程中要加强管理，以防家畜误食中毒或发生二次中毒如果发现中毒，可使用维生素 K 解救
氯敌鼠（氯鼠酮）	黄色结晶性粉末，无臭，无味，溶于油脂等有机溶剂，不溶于水，性质稳定	是敌鼠钠盐的同类化合物，但对鼠的毒性作用比敌鼠钠盐强，为广谱灭鼠剂，而且适口性好，不易产生拒食性。主要用于毒杀家鼠和野栖鼠，尤其是可制成蜡块剂，用于毒杀下水道鼠类。灭鼠时将毒饵投在鼠洞或鼠活动的地区即可	制剂有 90%原药粉、0.25%母粉、0.5%油剂 3 种剂型。使用时可配制成如下毒饵：①0.005%水质毒饵：取 90%原药粉 3 g，溶于适量热水中，待凉后，拌于 50 kg 饵料中，晒干后使用。②0.005%油质毒饵：取 90%原药粉 3 g，溶于 1 kg 热食油中，冷却至常温，洒于 50 kg 饵料中拌匀。③0.005%粉剂毒饵：取 0.25%母粉 1 kg，加入 50 kg 饵料中，加少许植物油，充分混合拌匀	

续附表 6-1

名称	特性	作用特点	用法	注意事项
杀鼠灵（华法林）	白色粉末，无味，难溶于水，其钠盐溶于水，性质稳定	属香豆素类抗凝血灭鼠剂，一次投药的灭鼠效果较差，少量多次投放灭鼠效果好。鼠类对其毒饵接受性好，甚至出现中毒症状时仍采食	毒饵配制方法如下：①0.025%毒米：取 2.5%母粉 1 份、植物油 2 份、米渣 97 份，混合均匀。②0.025%面丸：取 2.5%母粉 1 份，与 99 份面粉拌匀，再加适量水和少许植物油，制成每粒 1 g 重的面丸。以上毒饵使用时，将毒饵投放在鼠类活动的地方，每堆约 39 g，连投 3～4 d	对家畜、禽、人毒性很小，维生素K为其有效解毒剂
杀鼠迷	黄色结晶粉末，无臭，无味，不溶于水，溶于有机溶剂	属香豆素类抗凝血杀鼠剂，适口性好，毒杀力强，二次中毒极少，是当前较为理想的杀鼠药物之一，主要用于杀灭家鼠和野栖鼠类	市售有 0.75%的母粉和 3.75%的水剂。使用时，将 10 kg 饵料煮至半熟，加适量植物油，取 0.75%杀鼠迷母粉 0.5 kg，撒于饵料中拌匀。毒饵一般分 2 次投放，每堆 10～20 g。水剂可配制成 0.0375%饵剂使用	

附表 6-2 牛群常用给药方法

方法		操作
群体给药法(指对牛群用药。用药前,最好先做小批量的药物毒性及药效试验)	混饲给药	将药物均匀混入饲料中,让牛吃料时能同时吃进药物。主要用于不溶于水的药物
	混水给药	将药物溶解于水中,让牛只自由饮用。有些疫苗也可用此法投服。在给药前一般应停止饮水半天,以保证每只牛都能在规定时间内饮到一定量的水
个体给药法(指对患病牛只单独进行治疗)	口服法	主要通过长颈瓶或药板给药,一般分别用于灌服稀药液和服用舔剂
	灌服法	是将药物配置成液体,通过橡皮管直接灌入直肠内。用前先将直肠内的粪便清除,同时灌服药液的温度应与体温一致
	胃管插入法	牛插入胃管的方法有两种,一是经鼻腔插入,二是经口腔插入。胃管插入时要防止胃管误插入气管。灌服大量水及有刺激性的药液时应经口腔插入。患咽喉炎和咳嗽严重的病牛,不可用胃管灌服。
	注射法	将灭菌的液体药物,用注射器注入牛的体内。一般按注射部位可分为几种方式:一是皮下注射,把药液注射到牛的皮肤和肌肉之间,牛的注射部位是在颈部或股内侧松软处;二是肌内注射,是将灭菌的药液注入肌肉比较多的部位,牛的注射部位是在股后肌群,特别是在半膜肌和半腱肌上;三是静脉注射,是将灭菌的药液直接注射到静脉内,使药液随血液很快分布全身,迅速发生药效,牛常用的注射部位是颈静脉;四是气管注射,是将药液直接注入气管内;五是瘤胃穿刺注药,当牛发生瘤胃臌气时可采用此法;六是腹腔注射,一般选用右肷部为腹腔注射的部位
	皮肤、黏膜给药法	一般用于可以通过皮肤和黏膜吸收的药物。主要方法有点眼、滴鼻、皮肤涂擦、药浴等

参 考 文 献

[1]徐作仁.动物疾病诊断技术[M].北京:北京师范大学出版社,2018.

[2]关文怡.动物常见病防治[M].北京:中央广播电视大学出版社,2017.

[3]王建平.肉牛快速育肥新技术[M].北京:化学工业出版社,2016.

[4]陈国顺.畜禽消化生理特点与营养设计[M].北京:科学技术文献出版社,2016.

[5]周其虎.动物解剖生理.2 版[M].北京:中国农业出版社,2015.

[6]程会昌.动物生理学[M].河南:河南科学技术出版社,2015.

[7]魏刚才.高效养肉牛[M].北京:机械工业出版社,2015.

[8]夏风竹.高效养牛技术[M].河北:河北科学技术出版社,2014.

[9]莫放.肉牛育肥生产技术与管理[M].北京:中国农业大学出版社,2012.

[10]常新耀.肉牛安全高效饲养技术[M].北京:化学工业出版社,2012.

[11]陈伟生.肉牛标准化养殖技术手册[M].北京:中国农业科学技术出版社,2012.

[12]曹海兵.肉牛养殖技术百问百答[M].北京:中国农业出版社,2012.

[13]梅俊.现代肉牛养殖综合技术[M].北京:化学工业出版社,2011.
[14]丑武江.家畜人工授精技术[M].新疆:新疆人民出版社,2009.
[15]曹玉风.肉牛标准化养殖技术[M].北京:中国农业大学出版社,2004.
[16]王会香.动物解剖原色图谱[M].安徽:安徽科学技术出版社,2008.